二十世纪七十年代末在位于四川的
核工业部第一研究设计院工作时留影

人生历程

——丛书主编李建中和夫人

二十世纪八十年代在中共
漯河市委工作时留影

二十世纪九十年代在中共
三门峡市委工作时留影

二○○六年五月重返核工业部第一研究设计院时留影

在河南省科协工作时留影

亲手养育的巴西木从二○一一年开始连续三年开花

4 透视地球

丛书主编 李建中

丛书副主编 谈朗玉 李大东 张令朝

本卷主编 张天义

KEPU TONGJIAN

TOUSHI DIQIU

中国科学技术出版社

河南科学技术出版社

图书在版编目（CIP）数据

透视地球/张天义主编 . —郑州：河南科学技术出版社，2013. 10
（科普通鉴/李建中主编）
ISBN 978 – 7 – 5349 – 6479 – 4

Ⅰ.①透…　Ⅱ.①张…　Ⅲ.①地球－普及读物　Ⅳ.①P183 – 49

中国版本图书馆 CIP 数据核字（2013）第 207899 号

出版发行　中国科学技术出版社
　　　　　　地址：北京市海淀区中关村南大街 16 号　　邮编：100081
　　　　　　电话：（010）62106522
　　　　　　网址：www. cspbooks. com. cn
　　　　　　河南科学技术出版社
　　　　　　地址：郑州市经五路 66 号　　邮编：450002
　　　　　　电话：（0371）65737028
　　　　　　网址：www. hnstp. cn
策划编辑：李喜婷　冯　英
统筹编辑：尚伟民　蒋云鹏　徐　涛
责任编辑：董　涛
责任校对：李振方
封面设计：赵　钧
版式设计：赵玉霞
责任印制：朱　飞
印　　刷：郑州金秋彩色印务有限公司
经　　销：全国新华书店
幅面尺寸：185 mm × 260 mm　印张：12.75　字数：207 千字
版　　次：2013 年 10 月第 1 版　　2013 年 10 月第 1 次印刷
定　　价：32.00 元

《科普通鉴》丛书

主　　编　李建中

副主编　谈朗玉　李大东　张令朝

序

　　科技是人类智慧的伟大结晶，创新是文明进步的不竭动力。

　　回望文明历程，科技之光涤荡了人类旅途之蒙昧阴霾，科技之火点燃了人类心灵之求知火焰，科技之灯照亮了人类发展之光辉前程。科学技术的每一次重大突破，每一项发明创造的诞生，不仅推动人类对客观世界之认知发生质的飞跃，而且促使人类改造世界之能力得到提升。18 世纪中期以来的 200 多年，是科学技术突飞猛进的历史时期。数学、物理、化学、天文学、地学和生物学等各个领域的研究均取得了空前成就，并引发了一次又一次重大科技理论革命，特别是牛顿力学、爱因斯坦相对论和量子力学的创立，深刻改变了人类生存状态和生产、生活方式。在不计其数的科技发明、发现、创造中，蒸汽机、电话、火车、汽车、医用 X 光片、青霉素、DNA 双螺旋结构、火箭、阿波罗 10 号太空舱、计算机等无疑是改变世界的重大发明、发现及创造。

　　放眼现代社会，科技已经成为推动经济快速发展的主导力量和创造社会财富的主要源泉，成为国家间、区域间竞争的核心和壮大综合国力的决定性力量。为了在竞争中取得优势地位，各国、各地区，特别是发达国家及地区都高度重视科技创新和发展。进入 21 世纪的短短十余年间，全球科技创新浪潮此起彼伏，科技发展日新月异，创新成果大量涌现。人类基因组序列图完成，细胞重新编程技术，人类最早祖先确定，宇宙存在暗物质猜想，干细胞研究的新进展，纳米技术研究的新突破，欧洲强子对撞机启动，人类探测器创最远纪录，七大数学难题之一——庞加莱猜想被证明，则可能是最具科学价值的重大科技成就。

展望未来，人类前进的道路上依然存在无数难题等待破解，依然存在众多未知世界等待认识。尤其是随着人口数量急剧增加、自然资源逐渐枯竭和生态环境的日益恶化，人类正遭遇着前所未有的生存挑战和危机。毫无疑问，应对挑战、解决危机，只有依靠科技的不断创新与发展。在可以预见的未来，为了拓展生存空间，提高生存质量，必将掀起一场以信息科技革命为先导、新材料科技为基础、生命科技为核心、新能源科技为动力、海洋科技和航天科技为内拓和外延的新的科技创新浪潮。

伴随知识经济向创意经济的转变，科学技术进入了多学科交叉、互为渗透、综合发展的历史时期，形成了学科林立、知识纷繁的新格局。面对浩如烟海的科技世界，经与有关专家学者反复研究论证，从理、工、农、医和高新科技五大领域中确定了 26 个社会公众关注度较高的选题编著成书。

弘扬科学精神，传播科学思想，倡导科学方法，普及科学知识，促进创新创造，是编著本书的基本思想。考虑到读者对象年龄、职业、身份的多样性和对知识需求的差异性，力求做到重点突出，脉络清晰，融入人文精神，体现人文情怀，以达引人入胜的效果。

此套大型科普丛书，涉及领域广，学科多，在内容和表述上尽可能避免交叉重复或冗长繁杂，在体例和风格上尽可能保持相对统一。但是，由于我们学识水平有限，编著时间仓促，缺乏相应经验，个别章节仍然存在这样那样的问题。这些缺憾，我们将在再版重印时加以修订改进。诚恳希望广大读者对本书的修订改进提出宝贵意见和建议，使本书的质量再版时有一个较大提高。

通览科技文明，鉴取创新精粹。期待有缘阅读本书的各界人士，汲取科技精髓，激发创新思维，为中华民族的伟大复兴贡献聪明才智。

即将退休前夕，主持编著了这套大型科普丛书，期望能对后人创新思维、报效祖国产生一些积极的影响。借此机会，感谢我的妻子曹四梅对编著本书所给予的宝贵意见，特别要感谢她三十多年来对我工作的支持和无私的奉献！我的妻子曹四梅，原籍安徽宿州，1957 年出生于河南项城，婚后三十五年，对我生活上的照顾无微不至，才使我有足够的时间和精力投身于国家的事业。回首往昔，岁月峥嵘；弹指一挥间，履职三十六个春秋。极目长天，光阴荏苒；伴随万物生，年轮滚动催生霜鬓。谨用一首《复兴华夏》的藏头诗作为对伟大祖国的美好祝愿。

复礼克己演春秋，

兴业建邦造英雄。

华族鼎立环球日，

夏禹仙界贺奇功。

祖国广袤无垠的辽阔疆域，哺育着伟大的华夏民族繁衍生息。白发的烙印，既留下了少年时代的天真烂漫，又刻画了中青年时代的历史轨迹。我热爱我的祖国，更加由衷真诚地祝愿国家富强昌盛、人民安康幸福！

河南省科学技术协会主席、党组书记　李建中

2013 年 6 月

目　录

引 言

神话是古人的科学，科学是现代人的神话。

远古时代，人类对毁灭性的自然灾变、奇异的天文现象记忆尤深，他们利用神话这种艺术形式口口相传，记录一段段自然变迁以及与灾害抗争的轮廓。固然，现代科学技术的发展把神话传说推挤到"民间文学"的角落，可是科学并不排斥"神话"的精神实质。正如神话解释世界起源是赋予人格的神力（上帝创世或盘古开天地），现代科学同样将宇宙起源纳入某种超大力量的突然释放（"奇点"的爆炸），神话的主题意境并未被神话的形式所陪葬，而由科学抢过手去抚养。从神话传说到科学假说，从假说到学说，从学说到定律、法则，人类对自然世界规律的认知与思辨仍然流淌着神话的血液。

一、从中国的"神龙"意识到西方的"诺亚方舟"，远古神话传说是人类童年的记忆，尽管这种记忆带有某种神秘和无逻辑色彩，但其记录事件的客观存在毋庸置疑。

透视地球、梳理地球演化的轨迹、追踪人类认识自然的脉络，就不能不从远古神话传说开始。诸如中国的盘古开天、女娲补天、夸父逐日、共工怒触不周山……西方的亚当与夏娃、洪水灭世……这些通过世代口头流传的神话传说，给我们留下了远古人类对自己生活的这个自然世界的一种原始、朴素、朦胧的认识。还有中外神话传说中同时涉及的史前大洪水事件，被研究证实在 1 万 ~ 1.5 万年前，由于气候由冷转暖冰川消融而暴发了全球性的洪水期。正是远古人类亲眼目睹了这个全球性的洪水现象，才创作出了大禹治水、诺亚方舟等关于洪水的神话传说。"诺亚方舟"是远古人类对抗洪救灾技术与理念的创新，而"大禹治水"从劈障到疏导的转变，则孕育出中国古典哲学思想"道法自然"的文化土壤。

龙，在中国文化中根深蒂固，究其历史生态的实质而言，就是一种特异气象过程"龙卷风"的意境。庄子在《逍遥游》中引用齐地民间文学作品《齐谐》对龙卷风的夸张描述："鹏之徙于南冥也，水击三千里，抟扶摇而上者九万里"，并借此发挥说"北冥有鱼，其名为鲲。鲲之大，不知其几千里也。化而为鸟，其名为鹏。鹏之背，不知几千里也；怒而飞，其翼若垂天之云"。所谓"水击三千里"，说的是台风，而"垂天之云""抟扶摇而上者九万里"指的就是龙卷风，"鲲鹏"则是龙卷风的象征指代，鲲鹏开启了后世"鱼-龙"转化之先机。

中国人强烈的龙意识、神龙文化意境表明，远古时代有一个龙卷风肆虐过程，大体与西方所说的"洪荒"时代相对应。《淮南子·览冥篇》云："往古之时，四极废，九州裂；天不兼覆，地不周载；火爁焱而不灭，水浩洋而不息；猛兽食颛民，鸷鸟攫老弱。于是女娲炼五色石以补苍天，断鳌足以立四极，杀黑龙以济冀州，积芦灰以止淫水。"这一段文字表明，女娲当时面临的是一场特大的地震、洪水、龙卷风同时并发的综合性自然灾害。所谓天裂，只能是地震和龙卷风造成的特殊天空景观；所谓炼石补天，是后人对女娲这位睿智的部落首领，在地震善后和抗御龙卷风袭击所表现的抗灾救灾精神的艺术渲染。

人类科学技术发展到20世纪60年代才终于真正实现登月梦想，4 000年前嫦娥根本不可能到达月球。但还有一种较为合理的解释就是嫦娥被一股龙卷风卷上天去了，而且是在满月之夜，龙卷风运动的方向正好指向月亮！如果进一步将这些远古神话对应的共同意境加以概括，可以得知，古人是把地震、龙卷风、海啸、大洪水和旱灾等自然现象同人类社会活动联系、融合，创作出黄帝龙驭、夸父追日、后羿斗风、周公金縢和妈祖神化等精美的诗篇。其源于自然、溶解于神话之中的科学思维，仍启迪着现代人的智慧与发现，这正是远古神话源远流长的魅力和价值所在。

在人类社会发展的历史长河中，由神话脱胎而出的科学假说，是人类用理性敲开真理大门的钥匙、认知自然世界的桥梁。恩格斯曾指出："对各种相互联系作系统了解的需要，总是一再迫使我们在最后的、终极的真理的周围造起茂密的假说之林。"实际上，任何学说都包含着不确切——假设的认识，那么同样可以说任何假说都包含着或多或少的确切性——科学理论的认识。因此，科学假说是观察、实验的结果，又是进一步观察、实验的起点，是科学理论发展的不可或缺的重要阶段。

二、从盘古开天地到宇宙大爆炸，神话让残酷的真相披上美丽面纱，而科学实验则逐渐擦拭着我们眼前迷雾，假说的提出与学说的问世是科学理论由量变到质变、由不成熟向成熟发展的前奏曲。

宇宙天地和世界万物从何而来？为何在此？要往何处去？是事关人类存亡和宇宙本源的终极问题，也是古今中外思想家、哲学家、艺术家和科学家们共同思索的一个古老话题。据说清朝顺治皇帝写过一首诗："未曾生我谁是我（生从何处来？），生我之时我是谁，长大成人方是我（我究竟是谁？），合眼朦胧又是谁（死往何处去？）。人类自从有思想以来，大概最想知道就是上面这三个问题。要想回答这个三个问题，就要谈地球、地球的起源和生命演化的过程；要想解析这三个命题，就不能不从盘古开天地和宇宙大爆炸说起。

先从史前文明开始吧。孩提时代的中国人，大多都会在父母或者爷爷奶奶的那里听过"盘古开天地"的神话传说。尚处于混沌时期的宇宙就像是一个大鸭蛋，有个叫作盘古的巨人在这个"大鸭蛋"中酣睡了18 000年后突然醒来，他发现周围一团黑暗，就张开巨大的手掌向黑暗劈去，千万年的混沌世界被搅动了。又轻又清的东西慢慢上升并渐渐散开变成蓝色的天空，而那些厚重混浊的东西慢慢地下降变成了脚下的土地。盘古呼出的气变成了春风和云雾，声音化作雷霆，左眼变成了太阳，右眼变成了月亮，头发和胡须变成了夜空的星星。他把身躯变成了东、西、南、北四极和雄伟的三山五岳，血液变成了江河，筋脉变成了道路，肌肉变成了农田，牙齿、骨骼和骨髓变成了地下矿藏，皮肤和汗毛变成了大地上的草木，汗水变成了雨露。传说中人类是盘古的精灵转世。

位于河南省泌阳县南15km的盘古山，山势巍峨挺拔，高耸入云。传说是当年盘古开天辟地、繁衍人类、造化万物的地方。盘古山石嶙峋并立，林木苍郁，古庙幽静，飘荡在山峦间的云雾犹如一层层薄纱覆盖着一个个悠远而美丽的神话传说。

远在广西的桂林民间,至今还在流传着这样的歌谣:"盘古开天地,造山坡河流,划洲来住人,造海来蓄水。盘古开天地,分山地平原,开辟三岔路,四处有路通。盘古开天地,造日月星辰,因为有盘古,人才得光明。"神奇的神话传说、古朴的民间歌谣,道出了宇宙从黑暗混沌到光明,大地万物由山川土石、风雨雷电到河流沼泽、湖泊海洋,以至于生灵出世的演化脉络。

而在西方文化中,虽然希腊哲学家曾经考虑过永恒宇宙的可能性,但西方人和宗教界还是将这个难题和自己的灵魂一同交给了上帝,即宇宙和人类都是上帝在过去某个特定时刻创造的,那么这个问题也只有请上帝来回答了。或许,这是上帝故意设置了一道思想屏障,用这个事关人类和宇宙本源的终极问题给科学一个反思的机会。"宇宙大爆炸"假说的提出正是科学反思的过程,其学说理论的形成则是通过对宇宙结构的实验观测推导发展而来的。

1912年维斯托·斯里弗尔首次测量了一个"旋涡星云"的多普勒频移,其后他和卡尔·韦海姆·怀兹证实了绝大多数类似的星云都在远离地球。

1922年,苏联宇宙学家、数学家亚历山大·弗里德曼利用引力场方程推导出描述空间上均一且各向同性的弗里德曼方程,得到的宇宙模型是在膨胀的。

1924年,埃德温·哈勃在威尔逊山天文台利用250cm口径的胡克望远镜发现,星系远离地球的速度同它们与地球之间的距离刚好成正比,这就是所谓哈勃定律。

1950年前后,伽莫夫第一个建立了热大爆炸的观念:宇宙是由一个致密炽热的奇点于150亿年前一次大爆炸后膨胀形成的。早期的宇宙是一大片由微观粒子构成的均匀气体,气体的绝热膨胀将使温度降低,使得原子核、原子乃至恒星系统得以相继出现。

1964年,阿诺·彭齐亚斯和罗伯特·威尔逊在使用贝尔实验室的一台微波接收器进行诊断性测量时,意外发现了宇宙微波背景辐射的存在,对应的黑体辐射温度为3K。而美国宇航局在1989年通过宇宙背景探测者卫星,测得的微波背景辐射余温为2.726K。

2003年初,威尔金森微波各向异性探测器给出了它的首次探测结果,证实了有一片"中微子海"弥散于整个宇宙。说明最早的一批恒星诞生时曾经用了约5亿年的时间才形成所谓宇宙雾，从而开始在原本黑暗的宇宙中发光。

至此，空间探测器收集到的大量数据使大爆炸理论又有了新的大突破。例如，现在的明物质宇宙在形成之前时间 $t=0$ 时，宇宙只有永暗物质和空间。宇宙中的永暗物质星云收缩成的超级大黑洞开始发生质变，演化为准暗物质"原始电光火球"，开始向明物质宇宙的演化。根据2010年所得到的最佳观测结果，这些初始状态存在于133亿～139亿年前，并经过不断的膨胀，到达今天的宇宙膨胀正在加速状态。

现代观测发现，现今可观测的宇宙越来越多的部分将膨胀到我们的视界以外而同我们失去联系。这就意味着宇宙的膨胀在时间反演上会发生坍缩，所有的质量还会集中到一个几何尺寸很小的"原生原子"上。宇宙学家为宇宙未来描绘出有两种图景：如果宇宙能量密度超过临界密度，宇宙会在膨胀到最大体积之后坍缩，在坍缩过程中，宇宙的密度和温度都会再次升高，最后终结于同爆炸开始相似的状态——即大挤压。相反，如果宇宙能量密度等于或者小于临界密度，膨胀会逐渐减速，但永远不会停止。

正如东方古典哲学名著《道德经》中说的那样，"有物混成，先天地生。寂兮，寥兮，独立而不改，周行而不殆，可以为天地母。吾不知其名，字之曰道，强为之名曰大。大曰逝，逝曰远，远曰反"。从盘古开天地起始点的宇宙无限紧密（永暗物质）到宇宙大爆炸，从宇宙膨胀达极限到原点回归的坍塌收缩，一系列具有里程碑意义的科学发现，阐述了宇宙的起源本质，发现并揭示了"大道"运行的轨迹。这就是，事物在天地及人类出现之前就已经存在，它浑然天成、寂寞无声、广阔无形、独自存在而永恒，周而复始且生生不息。

三、从徐霞客"阅读大地"到魏格纳"吟唱大陆漂移"，人类对自然世界的认识过程是开始接触外界事物，通过对感性认识的整理和判断、推理，形成与自然世界规律相接近的概念，进而达到"天人合一"的理想境界。

"不识庐山真面目，只缘身在此山中"，这是中国人激励自我投身于自然世界，认识自然规律、感悟"道法自然"之理，走向"天人合一"境界的一句诗句。实际上，从远古时代开始，人类对自然世界的观察和感悟已经开始。但自觉地、系统地进行野外科学考察、把注意力更多地集中到地形地貌与地质构造的关系，真正开始研究和解释地质发展的历史，首开先河的是 16 世纪中国明代的地理学家徐霞客。他写下的 240 多万字的科考笔记（可惜大多失散了），留下来的经过后人整理成 40 多万字的不朽名篇《徐霞客游记》，是把科学和文学融合在一起的一大"奇书"，是对一份超越时代的科研成果。

徐霞客（1587—1641）名弘祖，字振之，号霞客。他出生在江苏江阴一个有名的富庶之家，幼年受父亲影响，喜爱读历史、地理和探险、游记之类的书籍。这些书籍使他从小就热爱祖国的壮丽河山，立志要遍游名山大川。徐霞客有一位伟大的母亲，她鼓励儿子说："身为男子汉大丈夫，应当志在四方。你出外游历去吧！到天地间去舒展胸怀，广增见识。怎么能因为我在，就像篱笆里的小鸡，套在车辕上的小马，留在家园，无所作为呢？"徐霞客头戴母亲为他做的远游冠，肩挑简单的行李离开了家乡，这一年他 22 岁。从此，直到 56 岁逝世，他绝大部分时间都是在旅行考察中度过的。

五百多年前的徐霞客，是将"神话传说"还原其科学本来面目的"奇人"。他在 30 多年的旅行考察中主要是靠徒步跋涉，寻访的地方多是荒凉的穷乡僻壤或是人迹罕至的边疆地区。他与长风为伍，与云雾为伴，以野果充饥，以清泉解渴，几次遭遇绝地险境，几度出生入死尝尽艰辛。

徐霞客，称得上是世界上石灰岩地质地貌科学考察研究的先驱。他在没有任何仪器，全凭目测、步量的情况下，对我国湖南、广西、贵州和云南石灰岩分布区不同的地质地貌和 100 多个岩溶洞穴进行了详细、精确的描述。如对桂林七星岩的记载，对火山、温泉等地热现象和生态小气候、植物因地势高度不同而出现的垂直分带等描述，同今天的实地勘测结果基本相符。他在福建建溪和宁洋溪水流的考察中还提出了地理学上的著名结论"程愈迫则流愈急"。

徐霞客最后一次出游是在 1636 年，那时他已 50 岁了。这次他游历一直到达中缅交界的腾越（今云南腾冲），至 1640 年重返家乡。他回乡不久就病倒了，他在病中还翻看自己收集的岩石标本，临终前手里还紧紧地握着考察中带回的两块石头。他对自然奥秘的不懈探索和对真理的执着追求及献身科学事业的伟大情操，永远激励着后人。

地质学是一门研究地质事件在时空中发生和演化过程的科学，它的发展同人类实践经验和对自然认识的积累有着非常密切的关系。尤其是在矿产资源的开发利用，以及在与地震、火山、洪水等自然灾害的斗争中，人们逐渐认识到地质作用与地壳构造运动的存在。如我国先秦时期流传的第一部诗歌集《诗经》中就记载了"高岸为谷、深谷为陵"的关于地壳变动的认识，宋代沈括、朱熹等人对海陆变迁、古气候变化、化石的性质等都做出了较为准确的解释，明代李时珍在《本草纲目》中记载了 200 多种矿物、岩石和化石。到 14～16 世纪的欧洲文艺复兴时期，人们对地球历史开始有了科学的、较为系统的研究。如丹麦的斯泰诺提出地层层序律，英国的胡克等提出用化石来记述地球历史，德国的阿格里科拉对矿物、矿脉生成过程和水在成矿过程中的作用研究，开创了矿物学、矿床学的先河。但作为一门学科，地质学成熟较晚，直到 1793 年，具有近代意义的地质学一词才由瑞士学者 J. A. 德吕克提出。

1750—1840 年，受英国工业革命、法国大革命和启蒙思想的推动、影响，欧洲的地学研究从宗教式猜想转变为经野外考察后的思辨，他们把地壳的构造运动作为直接观察研究的对象，随之而来的是持续近百年的"百家争鸣"。除水成论与火成论、灾变论和均变论争论之外，英国人 F. 培根提出了西半球曾经与欧洲和非洲连接的设想，法国 R. P. F. 普拉赛认为在大洪水以前美洲与地球的其他部分不是分开的。

到 19 世纪末，奥地利地质学家 E. 修斯注意到南半球各大陆上的岩层非常一致，因而将它们拟合成一个单一大陆，称之为冈瓦纳古陆。德国气象学家阿尔弗雷德·魏格纳提出了大陆漂移学说，并在 1915 年发表的《海陆的起源》一书中做了论证。他在书中写道：任何人观察南大西洋的两对岸，一定会被巴西与非洲间海岸线轮廓的相似性所吸引，不仅圣罗克附近巴西海岸的大直角突形和喀麦隆附近非洲海岸线的凹进完全吻合，而且自此以南一带，巴西海岸的每上个突出部分都和非洲海岸的每一个同样形状的海湾相呼应。反之，巴西海岸有一个海湾，非洲方面就有一个相应的突出部。"大陆漂移"学说由于还不能够很好地解释大陆漂移的动力机制问题，曾受到地球物理学家的反对。

魏格纳于 1880 年 11 月 1 日出生于德国柏林，从小就喜欢幻想和冒险，童年时就喜爱读探险家的故事，英国著名探险家约翰·富兰克林成为他心目中崇拜的偶像。1905 年，25 岁的魏格纳获得了气象学博士学位。1906 年，他终于实现了少年时代的理想——加入到著名的丹麦探险队，来到了格陵兰岛从事气象和冰川调查。为了找到更多的证据，1930 年 4 月，魏格纳率领一支探险队，迎着北极的暴风雪，在 -65℃ 的严寒下第 4 次登上格陵兰岛。在白茫茫的冰天雪地里，他失去了联系，直至第二年 4 月才被发现，他的身躯像石头一样与冰河浑然一体。

魏格纳无疑是大地构造地质学的开拓者，他的大陆漂移说被后人赞誉为地学史上的一次革命，堪与哥白尼的日心说和达尔文的进化论相媲美。尤其在第二次世界大战后，随着古地磁与地震学、宇航观测的发展，各种科学伸入到这片占地球总面积71%的"禁区"，并获得了大洋中脊形态、海底地热流分布异常、海底地磁条带异常、海底地震带及震源分布、岛弧及与其伴生的深海沟、海底年龄及其对称分布、地幔上部的软流圈等大量的资料，使一度沉寂的大陆漂移说获得了新生。

从徐霞客阅读大地到魏格纳吟唱大陆漂移，文化先哲在地球科学领域进行的一系列探索和研究成果，催生了人类崭新的时空观、运动观和物质观，深化了对我们赖以生存的地球和人类社会可持续发展中面临的资源、环境、灾害等问题的认知。如在 20 世纪 60 年代，美国普林斯顿大学的摩根、英国剑桥大学的麦肯齐、法国的勒皮雄等人建立了"海底扩张说"的基本原理，较好地说明了大陆漂移的运动机制。加拿大的威尔逊提出"转换断层"的概念，并创用"板块"一词。美国的摩根、法国的勒皮雄等将海底扩张理论总结提高为对地壳岩石圈的运动和演化的总体规律的认识，用以说明全球构造运动基本理论的"板块构造说"，它标志着新地球观的形成，现代地质学研究进入一个新阶段。

四、从"地壳板块构造"理论到"大陆动力学"机制研究，作为对客观世界数与形的简洁、高效、优美、抽象描述正在向未知领域推进，人类对自然世界的认识在不断地超越和深化。

19 世纪末，著名物理学家、化学家居里夫人发现，当磁性岩石加热到一定温度（450~500℃）时原来的磁性会消失的一个特性，人们把这个温度叫"居里点"。也就是说，无论地磁场怎样改换方向，只要所处的环境温度不高于居里点，岩石形成的磁性是不会改变的。事实证明，从地下溢出的高温熔岩，当其温度下降到居里点以下，特别是像磁铁矿一类的矿物因内部原子受到地球原始磁场的控制并按照磁力线的方向发生磁化，而当外界磁场消失或磁极方向改变后磁性矿物或岩石仍然保持原有磁性特征，称为剩余磁性。

现在，人们可以用精密仪器测定岩石剩余磁性的方向和大小，并可据以确定岩石获得磁性式的古地磁场强度和古地磁极的位置，并用于追溯地球磁场变化、确定岩石的年代。这样，就产生了一门研究地球历史地磁场变化规律的学科，叫作古地磁学。

从 20 世纪 40 年代后期开始，古地磁学研究的重点转向海洋。美国的科学家用了近 10 年时间，使用拖曳式磁力仪在大西洋进行古地磁调查。他们惊奇地发现，在大洋中脊两侧的海底呈现出平行南北方向的磁力线条带，而且磁性正负相间，每个磁条带长约数百千米，宽度多在数十千米。英国剑桥大学的科学家的研究认为，这些海底磁条带实际上可以被看作是地球磁场不断转向的历史记录。他们把北美洲和欧洲两个相距 3 000km 的大陆古地磁连接起来，刚好形成一个完整的大陆板块，而且正好占据了大西洋今天的位置。古地磁研究成果与半个世纪之前魏格纳提出的大陆漂移说不谋而合，同时又使刚刚兴起的"海底扩张说"获得了科学实验证据。

科学家们对海底磁性条带的研究还在继续进行。1973 年 8 月 2 日，在大西洋速尔群岛西南 350km 的海域"阿基米德"号潜水器进行首次下潜，拉开了由美国和法国地质学家们共同发起的"法摩斯海底探险行动计划"的序幕。中午 12 时 5 分，潜水器抵达大西洋中央裂谷附近。探险家通过舷窗看到熔岩宛如一个巨大的瀑布从陡峭的绝壁上直泻下来，熔岩在海底缓缓流动，熔岩泉像一根根黑色的管道从洋底涌出，发出暗红色的闪光。在探照灯的照射下，探险家透过舷窗看到不远的岩石边的珊瑚树如巨人般伸出双臂，似乎在黑暗之中献祭着什么。在珊瑚树近处的海绵在海流中微微地颤抖，它们像一把把羽毛扇轻轻地摇动，像一朵朵郁金香在悬空中飞舞，和谐的生命现象在大洋底部仍然表现得如此顽强。

继海底扩张理论形成、海底转换断层的概念提出之后，板块一词正式出现，经 W. J. 摩根和 X. 勒皮雄等的补充，形成了完整的板块构造学说。按照板块构造理论，全球岩石圈划分成太平洋、大西洋、印度洋、欧亚大陆、非洲大陆、美洲大陆、澳大利亚 – 南极洲大陆等七大地质板块。其中，大西洋就是正处于大洋发展的成年期，而太平洋正处于大洋发展的衰退期，地中海是海洋板块经过长期发展演化的残留部分，代表一个宽阔大洋的终结。印巴次大陆长期北移而脱离澳洲大陆与欧亚板块相撞，在大陆边缘形成巍峨的"世界屋脊"喜马拉雅山脉，同时彰显了印度洋裂变的轨迹。而今日的东非大裂谷是大洋发展的胚胎期，红海和亚丁湾被认为是大洋发展的幼年期，如果再以每年 5cm 的速率继续扩张 1 亿年，一个新的"大西洋"就会形成。

人类在了解自然世界的过程中，板块构造理论发挥了重要作用。但随着认识程度不断加深，科学家们发现，基于现代地质板块的构造理论在解释大陆构造问题方面仍然具有局限性。重新审视大陆构造及动力学理论体系，解决人类社会对资源、能源及环境的问题成为地学界的研究前沿。基于这样的现实，我国著名科学家李四光先生提出"地质力学说"，并指导我国地质工作者一举拿下了大庆、大港、任丘、中原和河南等油田。新中国的初建时期，是中国地学界的"百家争鸣"时代，黄汲清先生的多旋回说、陈国达的地洼说、张伯声的波浪镶嵌说、张文右的断块构造说等从不同的角度阐述了华夏大地的地质构造特征和成矿作用，他们的构造地质学说为我国矿产资源基地建设提供了强有力的理论支撑。直到20 世纪 80 年代，大陆动力学逐渐成为构造地学界研究的前沿领域。

在国外，德国地质学家研究欧亚大陆地质演化史发现，从中美洲、加勒比，经阿尔卑斯至印度北部，在中生代（2.5 亿～0.96 亿年前）时期曾经存在一个沿赤道呈东西向展布的大洋，奥地利地质学家用希腊神话中的海神的名字称之为"特提斯海"。尔后，一些地质学家又提出，在欧亚大陆和印巴次大陆之间经历了2.95 亿～2.5 亿年前的古特提斯洋、2.5 亿～0.96 亿年前的新特提斯洋和 0.65亿年前至今新生代的地中海等三个发展阶段。随着大洋的关闭、陆 – 陆碰撞造山，青藏高原、祁连山和昆仑山依次出现。金沙江、怒江和雅鲁藏布江一带先后还出现过一系列条状大洋，而巴颜喀拉山、羌塘盆地和拉萨盆地则是随着陆 – 陆碰撞持续进行、条状大洋完全关闭后依次形成的。科学家们用大地的地质构造演化史，给我们讲述了一个"悲欢离合"的故事。一方面，随着古老的洋盆闭合大陆拼接，而新打开的洋盆又造成新的大陆裂解和漂移。另一方面，洋、陆的位置又在不断地迁移，总趋势是洋向南迁移而陆向北漂移。这样，欧亚大陆就越来越大，曾经的超大古陆今天已撕裂成了几个相对小的地块。

因此，我国的青藏高原及周边地区成为国际地学界关注的重点区域，被认为是"21世纪打开大陆动力学大门的金钥匙"。随着我国的改革开放，我国地质学家能够更多地参与到了国际岩石圈对比计划等一系列的科学研究活动中。值得提及的是，以中国科学院院士张国伟先生、张本仁先生所带领的科研团队在1988年编著出版的《秦岭造山带形成及其演化》，在2001年出版的《秦岭造山带与大陆动力学》等科学专著中，详细地阐述了横亘华夏大地的昆仑山－秦岭－伏牛山－大别山脉（地学界称之为"中国中央造山系"）东段秦岭造山带不同发展阶段不同构造体制的形成演化，提出华夏古陆中部由"扬子板－秦岭洋－塔里木"三大板块分别沿如今的甘肃天水、陕西丹凤、河南西峡、安徽梅山和阿尔金山、祁连山等两条板块缝合带，从点线接触到全面碰撞的造山过程，提出中国大陆与造山带的构造体制与动力学特征，为建立国际地学界所普遍接受的大陆动力学学科理论框架奠定了基础。

当今的科学已经与从前那个充满幻想的时代的原始认识有了很大不同，它已经融入了一个巨大的商业系统，一切都变得那么有条不紊，不再有被苹果砸到的牛顿，也不再有幻想飞翔的莱特兄弟，科学几乎丧失了它那给人以无限灵感的魔力。但是，我们相信这个世界仍需要梦想家，需要坚持追逐自己梦想的"当代达人"。

作为引言的结束语，我们引用刘意先生于2012年发表在《人民日报》（海外版）《幻想：打开科学殿堂的钥匙》的署名文章与读者共勉。他在文中这样写道："英国有一首童谣，让我深深陶醉。开头是这样的：汤姆是风笛手的儿子，从小就学吹风笛，但只会吹一首曲子，就是'越过山巅，飘向远方……'最开始，习惯了阅读中国式教科书的我并不解其意，但仍感到一种朦胧的渴望，似乎一个梦想之地诱惑着我。现在，我知道在一切事物中，幻想永远是令人魂牵梦萦的。有了它，才有对未知与神秘的不断探索，才有波澜壮阔的人类科技文明史。"

一个缺少梦想家的时代是暗淡的。走进科学这片神奇的世界，可以领略科学的艺术创造力。让我们一起追踪科学发展从朦胧的感悟到理性感知的轨迹，品味探索发现的艰辛与喜悦。让我们用远古人类的伟大幻想来激活思维空间，用文化先哲的伟大人格激励斗志，将理想置于遥远的高空翱翔。

1 数字地球

随着现代交通、通信、广播、电视等的问世，人与人之间的时空距离骤然缩短，整个地球紧缩成一个"村落"。尤其是互联网的出现，使这个时代的时间和空间显得有些多余，人与人之间的交往呈现出了非直接的数字化。于是，地球村这一名词由加拿大传播学家 M. 麦克卢汉提出。地球村概念的出现，直观地表现了人民需要和平世界的愿望，无论肤色、无论种族，人人平等到只是一个村落中的一分子。这种新兴的感知模式消除了地域的界限和文化的差异，把人类视为一个利益共同体，拥有一个共同的家园，那就是地球。人类要维护自身共同的利益、建设美丽家园，就需要研究地球的前世今生。这就是地球的演化、地球的结构构造、地球的资源与环境。

1.1 创世之岩，解开地球神秘的面纱

正如在奥林匹克竞技场争夺出线权一样，为获得地球最古老岩石——创世岩所在地的头衔，加拿大、丹麦格陵兰、南非和澳大利亚等国家展开了激烈的资格争夺参赛。在这场年龄的较量中，加拿大北部努夫亚吉图克的黝黑深绿色岩带的成生年代可追溯到大约 42.8 亿年前的冥古宙（地球刚刚形成时期的第一个地质纪年）。此时的地球如同地狱般的熔融世界，火山迸发、熔岩横流，陨石和流星像雨点一样从天而降。科学家们估计，是一颗火星大小的原行星——"忒伊亚"撞击了地球，撞击时间要比绿岩带形成的年代提前数亿年，这次撞击不但增加了地球的质量，同时也造就了地球的卫星——月球。这是因为，美国宇航员在执行"阿波罗 15 号"任务期间从月球表面也带回一块年龄有 46 亿岁的"创世岩"。

结合其他证据，科学家们把地球的初始年龄暂定为46亿年。

1.1.1 古陆核——原始地壳生成的质点

古陆核是大陆原始地壳形成过程中最早出现的零星分散的固化部分。苏联学者别洛乌索夫在1951年提出的"重力分异"假说认为：地球形成的初始阶段，是冷的、固态的，并无分层结构，后来由于陨石等物质的轰击、放射性衰变致热和原始地球的重力收缩，使地球变得越来越热，温度达到1 000℃或更高。在地球形成的最初10亿年，在深度400～800km范围内，温度已上升到铁的熔点。处于冥古宙时代的地球表面被"岩浆海"覆盖，铁和镍等重金属元素的熔点较硅酸盐低，在达到熔点时首先熔化，渐渐下沉聚集到地球的中心部位，形成地核。硅、铝等密度较小物质则悬浮于地球的表层形成地壳，介于两者之间的铁、镁、硅酸盐等物质则构成了地幔。这样在长期分异作用下，地核不断加大、热量不再散失而保持固熔体状态，地幔的表层也逐渐分异出一层薄薄的地壳，一个具有圈层结构的地球开始形成了。

2002年12月3日，加拿大一个科学家小组宣布，他们在加拿大魁北克省境内发现了一块有38.25亿年历史的岩石。此前，地学界在位于丹麦格陵兰岛的伊苏阿地区也获得有38亿年的岩石测年数据。这说明，最早在距今40亿年，地球表面的岩浆海冷却固结迹象可谓始见端倪，在局部开始形成一些分散的、岛弧式的原始地块。这些孤立的小地块就像一个个质点吸引着随后结晶析出的地块，由分散状态逐渐聚合成具有一定规模的原始陆壳，故地学界称原始陆壳汇聚的质点叫"古陆核"。

这里需要解释一下关于地球形成的初始年龄问题。科学家们推算的地球年龄约为46亿年。地质学界将这46亿年划分为四个阶段——冥古宇（46亿～38亿年前）、太古宇（38亿～25亿年前）、元古宇（25亿～5.4亿年前）、显生宇（5.4亿年前至今）。在38亿年前的冥古宇时期地球一片混沌，没有像样证据被保留下来，古陆核、原始陆壳对研究地球起源、地壳早期的演化历史有着极其重要的意义。从目前研究成果上看，地球的原始陆壳和古陆核均形成于38亿～25亿年前，由于地球从熔融状态到表面的完全冷却固化还要经过相当长的历史阶段，我们现在所能获取的岩石年龄并不等于它的实际年龄，真实年龄数据要大于测试结果。

有关地球表层的原始地壳问题，一直是科学家研究的热点问题。我国的华北是欧亚大陆上少数有早太古代岩石出露的地区之一，中国地质科学院的学者于1990年在东北的鞍钢齐大山的古老岩石区获得了38.4亿年的同位素年龄测试数据。2006年，中国地质大学（武汉）地球科学学院郑建平教授在我国华北陆块南缘的河南信阳地区发现了世界上最古老的下地壳岩石包体。通过现代测定手段，断定这块岩石的初始物质来自40亿年前的原始地幔。由于地球深部的古老岩石较难被发现，即使超深钻一般也只能达到地下5～10km，而这块稳定存在于地下20～30km的岩石是在约170多百万年前的火山活动中被带到地球表面来的，而且在漫长的岁月中完整地保存至今，可谓弥足珍贵。科学家们由此推论，早在36亿年前的早太古代时期，中国华北地区可能是一个统一的块体，而此后这一地区的地质演化均与这块原始陆壳为基底发生、发展。

1.1.2 克拉通——原始陆壳的印记

克拉通一词源于希腊语kratos，意为强度。1936年，W. H. 施蒂勒提出把地壳相对稳定的区域命名为"克拉通"，以示与活动比较强烈的区域相区别。在地质文献中常出现的"克拉通化"，是指原始地壳的地质构造由强烈活动转化、形成大尺度的长期稳定的地壳构造单元的地质作用过程，它由构造复杂、侵入和变质作用强烈的基底，以及广泛覆盖其上的沉积岩系组成的盖层组成，具此二元结构就成为克拉通化的标志性特征。经克拉通化形成的克拉通，若只有大面积早前寒武纪变质基底杂岩出露的地区称为地盾，如波罗的地盾、苏必利尔地盾等。而有很厚沉积盖层覆盖的就称为地台，如华北地台。

作为地壳上长期稳定的构造单元，施蒂勒还划分出高克拉通和低克拉通，分别对应于大陆和大洋盆地，由于后来已证实大洋是活动的年轻地壳，现在克拉通一词仅用于大陆地区。太古宙时期形成的地壳，其年龄在34亿～25亿年间。此时的地球表面出现有许多小型花岗质陆块，它们之间有深浅多变的古海洋，各小陆块在移运中结合成面积较大的大陆板块。而最为古老的原始陆壳散布于各大陆板块中,即通常所指的古陆核、克拉通或古地盾。

1996 年,北京大学陈衍景教授在河南西部研究时认定,小秦岭、崤山、熊耳山至登封一线分布的太古宙古老结晶基底,曾经是构成华北地块南部的复合型地体。其中,嵩箕地块绿岩由早期青阳沟型(3 000Ma,Ma 为地质历史中的时间单位,1Ma 为 100 万年)代表原始的硅镁质地壳,晚期君召型绿岩具有岛弧或大陆裂谷背景。地质遗迹所代表的构造热事件(地体拼贴)、环境突变(表生地质作用)等说明该区结晶基底经历了 30 多亿年的构造演化,在克拉通形成的过程中表现出"微板块"的快速聚散离合,彰显出泛威尔逊旋回特征。

此后,我国的地质科学家们开始在华北中部的五台山、恒山、太行山、吕梁山、泰山、燕山等广大范围内寻找古大洋的地质记录。2001 年 5 月,华北的冀东地区取得重要进展,初步证明这里保存了世界时代最古老、完整的大洋岩石圈残片,初步测定其同位素年龄为 2 504.9Ma + 2.2Ma。这些发现对于认识地球早期热状态以及早期板块构造具有重要意义。最新研究资料表明,在 25 亿年之后的元古宇时期,原始陆壳曾发生过周期性的拼合裂解事件,古老的华北基底可划分出东、西部地块和中部碰撞带三个地质单元,在古元古代末期(1.85Ga,Ga 为地质历史中的时间单位,1Ga 为 10 亿年)沿中部碰撞带拼合形成统一的结晶基底,说明华北克拉通与世界上其他克拉通陆块一样,记录了导致哥伦比亚超大陆拼合的 2.1Ga ~ 1.8Ga 全球性碰撞造山事件,预示着华北原始陆壳进入相对稳定期,大陆边缘活动逐渐成为大地构造演化的主旋律。

太古宙时期的地壳运动、火山活动和行星撞击事件既广泛又强烈,这才使地球的大气圈和水圈得以形成。原始海洋的面积可能比现在大,但平均水深则浅得多。现在世界各地蕴藏丰富的海相层状沉积的变质铁锰矿床和岩浆活动形成的金矿等就是在这时期形成的。当时的大气圈可能富含碳酸气、水蒸气和火山尘埃,海水也是酸性矿化水(后来才逐渐被中和),陆地是灼热的、荒芜的。只是到了晚太古代的后期,在某些适宜的浅海环境中有无机物质经过化学跃变为有机物质(蛋白质和核酸),进而发展为有生命的原核细胞,构成一些形态简单的无真正细胞核的细菌和蓝藻。

1.1.3 原始大气层——萌发生命的基点

经过了天文期以后，地球便正式成为太阳系的成员，地球发展便进入到地质期——太古宙。太古宙，是地球演化史中具有明确地质记录的最初阶段，岩石圈、水圈、大气圈和生物圈的形成都发生在这一古老而又漫长的阶段。由于年代久远，保存下来的地质记录非常破碎、零散，但可以确认，地球表层的原始地壳大约在38亿年前后固化，原始大气圈、海水至35亿年前开始形成。到了28亿年~25亿年前的新太古代时期，地球上可能经历了最早的对生物产生重大影响的一次大冰期，占据地球上的全部生态系统的"原核生物"向着更高级、更适应生存的现代生物方面发展。

关于原始大气圈问题，只能通过天体地质情况的类比来获得信息。科学家们认为，在地球没有形成之前，宇宙处于混沌状态，遍布着由固体尘埃与气体组成的星云。地球形成过程中，较重的物质通过碰撞合并为原始地球的核心，少量气态物质（如氢和氦等）环绕着地球，这就是最原始的大气。在地球形成的最初阶段，地壳内部大量放射性元素的裂变和衰变所释放出的能量的积聚和进发、陨星对地表的频繁撞击等，导致了地球火山的强烈活动，使地球温度升高，出现局部熔融，重元素沉入地心，轻物质浮升到地表，逐渐形成地壳（岩石圈）、地幔和地核等层次，被禁锢在地球内部的大量气体随着火山喷发和地壳运动逸出地表，围绕在地球周围，形成了以水汽、二氧化碳、氮、甲烷和氨等为主要成分的新一代大气层，叫作次生大气。据科学家估算，大气已经有46多亿年的历史，经过了原始大气、次生大气和现代大气三个阶段。

最早形成大气圈的气体有三种可能的来源：地球凝结时遗留下来的残留物、地外来源、地球排气。其中，支持排气起源说的一部分证据是大气圈中有大量的氩（^{40}Ar 占 0.9%），而太阳或者碳质球粒陨石中 $^{40}Ar < 0.1\%$。^{40}Ar 是由固体地球的 40K 放射性衰变产生的，并主要经火山作用释放到大气圈。这种同位素在地球大气圈中较大量地存在，表明地球经历了广泛的氩的排气过程。关于原始大气圈的成分，有两种见解：原始大气圈是还原的，主要由 CH_4 组成，并含少量 HNO_3、H_2、He、H_2O、CO_2、CO 和 N_2，基本没有自由氧。实验研究表明，虽然

CH_4 对光解作用是较稳定的，OH 作为甲烷氧化链的中间产物在地表 50 年内即为光解作用所破坏，H_2 会很快从大气圈的顶部散失，但上述大气成分均可以出现第一个有机体反应。

次生大气中没有氧气，地球上当时还没有生命存在。但是，来自太阳强烈紫外线的照射，为地球上生命的出现提供了能量，大气中的甲烷、氢、氨等物质逐步合成了早期生命所需的有机物。大约距今 20 亿年前，海洋中的蓝藻类植物，在阳光的照射下，与大气中的二氧化碳发生光合作用，生成碳水化合物，并释放出氧气。随着光合作用的不断进行，大气中氧气含量逐步增多，二氧化碳含量则逐步减少。多余的氧气积聚起来，形成了臭氧层，为生物的出现和繁衍奠定了基础。后来，地壳的升降和环境的变化，植物从海洋迁徙到陆地，大量繁殖，并通过光合作用，排出大量的氧气。这样绿地不断扩大，植物尽情生长，二氧化碳越来越少，氧气含量越来越多。同时，动物的呼吸消耗掉大量的氧气，使空气中的氧气和二氧化碳比例保持平衡。日积月累，时光飞逝，终于演变成了适于人类和各种生物生长的现代大气层。

1.1.4 远古基因——原始生物圈核原生物的孵化器

提及生命、生物，人们不免会与海洋联系起来。那么地球上的海洋、海洋中的水到底来自何方，科学界始终未有确切定论。2009 年 5 月，"赫歇尔"太空望远镜由欧洲航天局发射升空，成为人类有史以来发射的体积最大的远红外线望远镜，主要用于研究星体和星系的形成过程。通过"赫歇尔"太空望远镜携带的红外仪器发现，彗星"哈特利 2"上的冰与地球海水中氘和氢的比例极为近似。"新发现意味着，海水最多有 10% 来自彗星的说法不正确"，德国马克斯·普朗克太阳系研究所天文学家保罗·哈托弗说，"根据新发现，从理论上讲，所有海水都有可能来自彗星"。此次的研究成果已经在英国《自然》杂志网络版上发表。

专家们对远古基因进行了深入研究，并绘制出一幅地球最早期动物的图景："原始大气圈为激发有机体准备了充足的物质条件，海洋的出现又为生命的孕育奠定了深厚的'土壤'，原始生物圈即将横空出世。"专家们认为，当微生物开始学会利用氧气和来自太阳的能量生活时，最早期的生命开始进化和发展。美国麻省理工学院研究人员分析了 1 000 个如今仍然存在的关键基因，并掌握了它们是如何从远古时期进化过来的。他们还研制了一种"基因化石"，可以告诉人们基因是如何形成的，也可以让人们知道远古微生物是如何支配这些基因的。他们的计算结果显示，所有的现存基因大约有 27% 形成于 33 亿年前至 28 亿年前之间。不过，想绘制出寒武纪之前的 30 亿年间的生命图景则相当困难，因为那个时期的软体动物很少会留下化石印迹。

科学家们将这一时期称为"太古代大爆发"。由于他们识别的许多新基因都与氧气有关，因此阿尔姆和戴维首先考虑到，氧气的出现可能也是造成"太古代大爆发"的原因之一。科学家进一步研究发现，利用氧气的基因直到 28 亿年前的"太古代大爆发"末期才出现，这一发现与地球化学家关于"大氧化事件"的设想更为一致。阿尔姆和戴维相信，他们已经发现了现代电子转移的最初来源。电子转移是一个生物化学过程，它负责在细胞膜内运送电子。电子转移被动物用来呼吸氧气，植物和某些微生物在光合作用时也需要这一过程，光合作用直接获得太阳的能量。一种被称为"生氧光合作用"被认为是与"大氧化事件"的氧气产生有关，也与我们今天呼吸的氧气有关。专家认为"太古代大爆发"期间的电子转移应该经历了进化生命历史的数个重要阶段，如呼吸作用、光合作用等都引发了生物圈收获和存储大量的能量。戴维表示，虽然研究结果并没有完全说明电子转移的进化是否直接导致太古代的大爆发，但可以推测到生物一定是得到了更多的能量才可以支持更大、更复杂的微生物生态系统。还应提及的是，大氧化事件可能是地球上厌氧细胞生命史上最严重的灾难事件，尽管我们还没有发现任何的生物学记录。

亘古至今，地球的起源一直是人们关心的问题。在古代，人们就曾探讨过包括地球在内的天体万物的形成问题，关于创世的各种神话也广为流传，例如我们熟知的中国的女娲造人传说，希腊神话中的大地之神盖亚等，都反映了人类对于探寻自身来历的渴望。自 1543 年，波兰天文学家哥白尼提出了太阳中心说之后，对于正确认识地球和太阳系才开始步入科学范畴，逐渐形成了诸如康德 - 拉普拉斯星云说、斯密特俘获说、布逢碰撞说、金斯潮汐说等。然而，探讨地球的起源，必须将地球置于以太阳为中心的气态星云冷凝、聚集的学说范围内加以思考。大量资料支持的宇宙年龄为 137 亿年，太阳系的形成大约在 100 亿年前，地球形成大约在 46 亿年前。多数学者认为，在太阳系的家族中，行星和月球是从冷的（小于 100℃）、呈均匀或非均匀混合的物质状态，在强氧化环境的太阳星云中聚集而成，冷凝完成后的形体由于后来的核幔熔融而出现圈层构造。但要接近真实地解读地球与其他行星在太阳系形成时的状态，还需要更多的时间、获得更多的证据来探讨。

1.2　超大陆重建——追踪地壳运动的轨迹

有关地壳的构造运动问题，魏格纳早在 1912 年曾提出了地球上曾只有一个原始大陆存在的理论，称为联合古陆，并把联合古陆作为他描述大陆漂移的出发点。在 19 世纪末，地质家学休斯认识到地球南半球各大陆的地质构造非常相似，并将其合并成一个古大陆进行研究，并称其为冈瓦纳古陆。1937 年，地质和地球物理学家杜托特在他的《我们漂移的大陆》一书中提出，地球上曾存在两个原始大陆，分别被称为北部的劳亚古陆和南部的冈瓦纳古陆。由此引发了"超大陆重建"这一全球地学界所关注的学科前沿重大课题。科学家们发现，在漫长的地球演化历史中，至少有四次超大陆的汇聚和裂解，包括 18.5 亿年前的哥伦比亚超大陆、11 亿年前的罗迪尼亚超大陆、5 亿年前的冈瓦纳超大陆和 2 亿年前的泛大陆（盘古大陆）。

1.2.1　远古时代的 "玉兰花" —— 哥伦比亚超大陆

大陆漂移说认为，地球上现有的大陆是彼此连成一片的，从而组成了一块原始大陆，或称为泛古大陆。泛古大陆的周围是一片汪洋大海，叫作泛大洋。在距今 1 亿年前后，泛古大陆开始分裂，漂移成南北两大块。冈瓦纳古陆曾一度位于南半球的南极附近，包括现今的南美洲、非洲、马达加斯加岛、阿拉伯半岛、印度半岛、斯里兰卡岛、南极洲、澳大利亚和新西兰。劳亚古陆曾位于北半球的中高纬度带，是古北美陆块、古欧洲陆块、古西伯利亚陆块和古中国陆块的结合体。这两个大陆由被称为古地中海（也称为特提斯地槽）的区域所分隔开。

哥伦比亚超大陆的概念，由加拿大著名超大陆研究学者 J. Rogers 教授 1996 年提出。他认为，是 20 亿年前至 18.5 亿年前的造山运动将太古宙克拉通汇聚在一起而形成的一个古元古代的超大陆。其中，非洲南部、马达加斯加、印度、澳洲大陆和南极洲与北美洲西缘连接，而格陵兰、波罗地大陆（北欧）和西伯利亚则和北美洲的北缘连接，南美洲则是和非洲西部对接。后来，日本的 Santoshi 教授、香港大学的赵国春教授等依据波罗地大陆与西伯利亚大陆和劳亚大陆、非洲南部与南美洲、澳洲西部和非洲南部相符合，以及与古地磁资料的一致性，相继提出了哥伦比亚超大陆的新模式。2008 年，北京大学侯贵廷教授在澳大利亚国立大学完成了哥伦比亚超大陆的重建工作，也提出了哥伦比亚大陆配置的假设。他把 18 亿年前的各大陆拼合在一起，发现很像一只"玉兰花"，我们暂且称作"玉兰花模式"吧。

哥伦比亚大陆于 16 亿年前开始分裂。相关的大陆漂移沿着劳亚大陆西缘、印度东部、波罗地大陆南缘、西伯利亚东南缘、南非东北缘与华北陆块北缘向外离散。超大陆分裂的原因一般认为与非造山的岩浆活动有关，如在北美洲、波罗地大陆、亚马孙克拉通和华北陆块的大规模岩浆活动直到 13 亿～12 亿年前哥伦比亚大陆分裂为止。分裂的各陆块则在约 5 亿年后汇聚，形成罗迪尼亚超大陆。

1.2.2 远古生命的摇篮——罗迪尼亚超大陆

罗迪尼亚超大陆的概念，是由麦克梅纳明提出，指的是在距今 13 亿～10 亿年前的造山运动使大部分大陆板块互相拼合碰撞，形成的新元古代超大陆。虽然它的规模与组成现在并不十分清楚，但根据地壳化石以及可信的古地磁资料显示，北美洲当时位于罗迪尼亚超大陆的中心，北美东岸紧连着南美的西岸，而北美西岸则是连接着澳洲大陆与南极洲，有人根据中国扬子和塔里木地台、澳大利亚以及加拿大西部元古宙裂谷系地层的对比，提出扬子地台当时位于劳伦大陆西侧澳大利亚与西伯利亚陆块之间。有意义的是，发生在 11 亿年前的超大陆"聚合"与全球性的大冰期同步，此后便在地球上了出现具有划时代意义的"生物大爆发"事件，故取名罗迪尼亚（Rodinia），俄文中原意为"诞生"。

尽管原始生命的萌芽在地球上早已出现，因当时臭氧层尚未形成，过于强烈的紫外线不适合生存，罗迪尼亚大陆仍是一片荒凉之地。汇聚一体的超大陆、全球性大冰期形成的冰盖，可能使地壳下部的热能积累到达峰值，深部岩浆活动引发超大陆分化裂解，持续增强的火山活动使海洋的生态环境发生了孕育生命的变异。1947 年，普里格在澳大利亚南部的埃迪卡拉地区的庞德石英岩中，发现了距今 6.8 亿~6 亿年的软体、多细胞无脊椎动物（无壳后生动物）化石，包括腔肠动物、环节动物、节肢动物等，共计 8 科 22 属 31 种，这就是举世瞩目的埃迪卡拉动物群。其特点是：动物体增大、门类增多、结构变得复杂、生活方式多样，而且在世界各地同时代海相地层中广泛分布，表明当时该动物群是海洋中的真正统治者。埃迪卡拉动物群出现，标志着原始生命形态在经过 30 亿年的准备之后，其积累的生命能量和无穷的创造力即将喷薄而出，生命演化的历史翻开了全新的篇章。

1984 年 6 月，从中国科学院南京古生物所硕士毕业的侯先光来到云南澄江县的帽天山搜寻远古生命的遗迹。他天天早出晚归，每日劈下的石头有两三吨重。功夫不负有心人，就在 7 月 1 日下午 3 时，正在紧张发掘的侯先光不慎刮落了一片松动的岩层，一块形状奇特却又保存完整的无脊椎动物化石露了出来。撬动这片松动的岩层如同打开了一扇古生物宝藏的大门，奇迹出现了，侯先光在此后的数天里陆续发现了节肢动物、水母、蠕虫等许许多多同时期的古生物化石。他与导师张文堂教授将在澄江出现的动物化石定名为"澄江生物群"。

从 1984 年 7 月 1 日发现澄江动物化石至今，侯先光和他的合作者（中外地质古生物学家）进行了大量的科研工作，已经发现了 17 个生物类别，近 100 多个属种，包括植物界的藻类，无脊椎动物中的海绵动物类、开腔骨类、腔肠动物类、栉水母类、叶足类、纤、毛环虫类、水母状生物、节肢动物、云南虫等。这些生物小的只有几毫米，大的有几十毫米甚至更大，它们有的像海绵，有的像今天的蠕虫，有的像水母，有的像海虾，有的像帽子，有的像花瓶，有的像花朵，有的像圆盘……真是千奇百怪，美不胜收。它们展示的是到现在 5.3 亿年前浅海水域中各种生物的奇异面貌。

澄江生物群给我们提供了一个完整的最古老的海洋生态群落图，它向人们展示了各种各样的动物在前寒武纪大爆发时或许能在"一夜间"立即出现的构造模式，地学界的重大科学发现似乎在挑战达尔文的进化论。澄江生物群给我们提供的生物高级分类单元快速演化的证据（突变），是我们在教科书中读不到的。现在，我们不仅能知道在前寒武纪大爆发时产生了哪些动物，还能了解不同动物的生活方式和食性，或许还能告诉我们生物大爆发的缘由。

1.2.3 现代地貌格局的奠定——盘古大陆

盘古大陆（Pangaea）一词源自希腊语，有全陆地的意思。但形成于古生代末至中生代的这块称为"全陆地"的超级大陆，在当时似乎仍未包含所有的陆地，在东半球－古地中海的右侧仍然有分离于超大陆之外的陆地。这些大陆就是南、北中国陆块和一块长条状的辛梅利亚大陆。辛梅利亚大陆包含的部分有土耳其、伊朗、阿富汗、中国西藏、印度支那和马来西亚，它们是晚碳世到早二叠世的期间从冈瓦那大陆（印度－澳洲）的边缘分离开来，结合中国陆块朝着欧亚大陆北移，最终在晚三叠世时撞上了西伯利亚的南缘。这些破碎陆块互相碰撞拼合之后，世界上所有的陆地全部加入了超大陆，盘古大陆则名副其实。

大约距今1.65亿年前，盘古大陆开始解体，沿着北美洲东岸、非洲西北岸和大西洋中央的岩浆活动将北美洲向西北方推移开来。在南美洲与北美洲互相远离的同时，墨西哥湾开始形成。就在同一个时刻，位于另一边的非洲由于延伸在东非、南极洲和马达加斯加边界的火山喷发，西印度洋形成。当中央大西洋开始张裂，劳伦西亚大陆开始顺时针旋转，把北美洲往北方推送，欧亚大陆则向南移动，导致了古地中海开始闭合。

到了侏罗纪晚期，大西洋像拉开拉链一般地由南向北渐渐张开，隔开了南美洲和非洲。澳大利亚西缘的东印度洋张裂，印度陆块从马达加斯加分离并从南极洲漂移开来加速北进。盘古大陆的分裂使冈瓦纳大陆不断地变得破碎，只有澳洲大陆还属于南极洲的一部分。

在5 500万~5 000万年前，北美洲与格陵兰又从欧洲漂移开来，印度板块开始撞上亚洲大陆，形成了西藏高原和喜马拉雅山。原本与南极大陆相连的澳大利亚陆地此时开始向北漂移，撞上亚洲东南部的印度尼西亚群岛。而2 000万年前发生的地壳张裂活动持续到了现代，包括东非张裂系统的产生、红海的张裂使阿拉伯半岛自非洲漂移开来，日本海的张裂让日本往东移动进入太平洋，加利福尼亚湾的开启使得墨西哥北部及加利福尼亚州一起往北运动，这些活动事件奠定了今日世界大陆分布的总体轮廓。

地质学家从对过去的挖掘进入到对未来的预测，第一次精确地描绘出了过去2亿年到未来2.5亿年间地球外貌变化的模拟图。他们认为，近到1 000万年后，洛杉矶将成为旧金山的邻居。远到2.5亿年后，七大洲将久别重逢，合并为一个超级大陆——"究极盘古"。地壳构造运动、大陆漂移，也像罗贯中在《三国演义》中描述的那样"分久必合，合久必分"，道家鼻祖李耳两千年前的一句名言"道法自然"，说出了人类应敬畏自然、遵循自然规律谋取社会发展的大道之理。

1.3 地质年代表——地壳构造演化的编年史

对地球构造演化的探索，地学界通常采用的方法有岩层对比法、古生物化石对比法和放射性元素的测年法。科学家们将不同地区的地层岩石单位，根据所赋存的古生物化石和岩性进行详细地分析研究和对比，弄清它们之间的相互关系，按先、后（新、老）顺序连接起来，就建立起了完整的地层系统。结合同位素年龄，生物演化的顺序、过程、阶段和构造运动、古地理环境变化等，将地壳上下40亿年的历史划分成许多自然阶段，按新老顺序进行地质编年，就构成了年代地层表。由此所演绎的地球编年史以其地壳出现、生物事件、构造事件作为断代界线，将地壳出现之前的25亿年（65亿~40亿年前）称为"天文期"，地壳出现之后的40亿年称之为"地质期"，并将生物大爆发之前的35亿年（40亿~5.43亿年前）称之为隐生宙，而之后叫作显生宙。其中，年代地层单位是指一定地质时期所形成的地层的总体名称，是超越地区具体差异的抽象概括。地质时代单位是从年代地层单位抽象出来的时间概念，组成地壳的全部地层所代表的时代称作地质时代，描述年代地层单位的用宇、界、系、统、阶、带。不同年代地层单位所代表的时代就叫作地质时代单位，描述地质时代的单位用宙、代、纪、世、期、时。由此，科学家们将地球编年史勾画出两期、三宙、十代、十二纪、四十三世（见地质年代表）。

表 1-1 地质年代表

界	系		统	代号	同位素年龄（Ma）	构造运动（幕）	特征化石
新生界 Cz	第四系 Q	Qh	全新统	Q_4	0.01	喜马拉雅运动（晚） 喜马拉雅阶段	人类
		Qp	上更新统	Q_3			
			中更新统	Q_2			
			下更新统	Q_1	2.60		
	新近系 N		上新统	N_2	5.3	喜马拉雅运动（早）	马、象
			中新统	N_1	23.3		
	古近系 E		渐新统	E_3	32	燕山运动（晚） 燕山阶段	三趾马
			始新统	E_2	56.5		
			古新统	E_1	65	燕山运动（中）	
中生界 Mz	白垩系 K		上白垩统	K_2			霸王龙、翼龙
			下白垩统	K_1	137	燕山运动（早）	
	侏罗系 J		上侏罗统	J_3			马门溪龙、鱼龙、始祖鸟
			中侏罗统	J_2			
			下侏罗统	J_1	205	印支运动（晚）	
	三叠系 T		上三叠统	T_3			蛇菊石
			中三叠统	T_2			
			下三叠统	T_1	250	印支运动（早） 印支海西阶段	
上古生界 Pz₂	二叠系 P		上二叠统	P_3			新希瓦格䗴
			中二叠统	P_2		伊宁运动	
			下二叠统	P_1	295		
	石炭系 C		上石炭统	C_2			小纺锤䗴 贵州珊瑚
			下石炭统	C_1	354	天山运动	
	泥盆系 D		上泥盆统	D_3			鱼类、沟鳞鱼
			中泥盆统	D_2			
			下泥盆统	D_1	410	广西（祁连）运动 加里东阶段	
下古生界 Pz₁	志留系 S		顶志留统	S_4			正笔石类、王冠虫
			上志留统	S_3			
			中志留统	S_2			
			下志留统	S_1	438	古浪运动	
	奥陶系 O		上奥陶统	O_3			网格笔石、中华震旦角石
			中奥陶统	O_2			
			下奥陶统	O_1	490	兴凯运动	
	寒武系 ∈		上寒武统	$\in_3$			三叶虫
			中寒武统	$\in_2$			
			下寒武统	$\in_1$	543		

续表

界	系		统	代号	同位素年龄（Ma）	构造运动（幕）	特征化石
新元古界 Pt₃	震旦系	Z	上震旦统	Z₂	680	晋宁运动（晚）	硬壳动物、叠层石、藻类
			下震旦统	Z₁			
	南华系	Nh	上南华统	Nh₂	800		
			下南华统	Nh₁		晋宁运动（早）	
	青白口系	Qb	上青白口统	Qb₂	1000		
			下青白口统	Qb₁			
中元古界 Pt₂	蓟县系	Jx	上蓟县统	Jx₂	1400		
			下蓟县统	Jx₁		吕梁（中条）运动	
	长城系	Ch	上长城统	Ch₂			
			下长城统	Ch₁	1800		
古元古界	Pt₁		滹沱系	Ht	2500	五台运动	原核生物、绿藻
新太古界	Ar₃				2800		
中太古界	Ar₂				3200	阜平运动	
古太古界	Ar₁				3600		
始太古界	Ar₀						

（构造运动栏中右侧括注：吕梁晋宁阶段、五台阜平阶段）

1.3.1　混沌世界天文期——冥古宙

地球起源于46亿年以前的原始太阳星云。天文期的地球如同神话传说"盘古开天地"中描述的那样，一片混沌，在地球档案中很少能留下记录，科学家们只能从太空星云的观察中推测那个时期地球的模样。岩浆活动剧烈（图1-1），火山爆发频繁，表面覆盖着熔化的岩浆海洋（图1-2）。随着地球温度的缓慢下降、重力分异和冷却，气体逸出、蒸发上升，在空中又凝聚成雨落回地面，

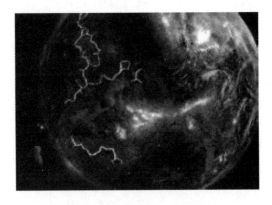

图1-1　岩浆活动剧烈的地球

随着不间断的雨水侵入、大规模的陨石撞击，原始大气圈和海洋开始衍生。这时的大气圈中含有大量的二氧化碳，地球也被厚厚的云层封锁着，太阳光几乎穿不

透地球橘红色的天空，海洋的温度可能高于 150℃。在这沸腾的海洋里，孕育生命的各种元素在不断积累。

"冥古宙"一词最初是由普雷斯顿·克罗德于 1972 年所提出的，泛指已知最早岩石出现之前的一段时期，所以并没有正式的细分。在 20 世纪的最后一个年代，地质学家从格陵兰西

图 1-2　岩浆喷发效果图

部、加拿大西北部和西澳大利亚州里确认到了某些冥古宙的岩石，最早的约有 44 亿年之久的历史，非常接近地球形成的推测时间。由此，科学家们确认冥古宙的存在，并形象地勾勒出非官方的三个演化阶段。45.67 亿年前，一无所知的神秘时代。由于同位素测试的精度，这个值有正负 70 万年的误差。45.67 亿～41.5 亿年前，火山盆地密布的盆地群时代。目前已知地球上最古老的岩石就形成于这个阶段。40 亿～39.75 亿年前，席卷全球天体撞击的酒神代。这个阶段只有短短的 2 500 万年，发生了席卷太阳系内圈的天文轰炸，有大量的天体撞击地球，不断地产生新的环形山盆地。

冥古宙（45.7 亿～38.5 亿年前），这一段长达近 8 亿年的漫长时间，又有人们又把它分成了隐生代、原生代、酒神代、早雨海代四个时段。隐生代是地球初生的婴幼儿时代，在围绕太阳不断地旋转和凝聚物质的过程中，由于本身的凝聚、收缩和内部放射性物质蜕变产生了热，温度不断增高使其内部达到了炽热的程度。于是，初生的地球上的重物质向内部沉淀形成地核和地幔，而较轻的物质则向表面云集形成初始陆壳。

原生代（41.5 亿～39.5 亿年前），以出现了最早的原核生物"细菌"为名。酒神代（39.5 亿～38.5 亿年前），这时已经出现了古细菌（同为原核生物，是细菌的进化生命体）。此时，地球地表不断地降温，原始大气层中充满了"水蒸气"的常温体——小水珠，有一点像酒不断地挥发出酒精中含有的水一样，就被称为了"酒神代"。早雨时代（38.5 亿～38 亿年前）在这个时段，大气层中的水不断地从天而降，地球上出现了海洋和其他的水，故名"早雨时代"。

1.3.2　走向有序世界地质期——隐生宙

天文期过后，历经将近40亿年的演化，混沌的地球开始从无序走向有序的地质时期。也就是从地球诞生到6亿年前后的生物大爆发时的这段时间，G. H. 查德威克在1930年把它叫作"隐生宙"。近年来由于在隐生宙晚期地层中不断发现软躯体动物化石，使其部分地层的划分具备了古生物的依据，所谓的隐生已不再符合实际情况。1977年，国际地层委员会前寒武纪地层分会在开普敦第四次会议上，将隐生宙分解为太古宙和元古宙，其界限放在25亿年前，隐生宙被逐渐放弃。本次为了描述方便，启用隐生宙的叫法，包含太古宙和元古宙两个地质年代单位。

（1）金属矿床的成矿期——太古宙

"太古"一词，是1872年美国地质学家J. D. 丹纳首先提出的，1977年国际地层委员会前寒武纪地层分会第四次会议将太古的上界放在25亿年前，并将涵盖距今约38亿~25亿年前这一段时间称之为"太古宙"。1979年，第五次会议曾提出过太古宙三分的意见，其年代界限分别为35亿年前和29亿年前。1989年和1990年，该组织经过反复研讨，提出始太古代（38亿~36亿年前）、古太古代（36亿~32亿年前）、中太古代（32亿~28亿年前）和新太古代（28亿~25亿年前）等四个时期的正式建议，并为国际地层委员会和国际地科联执行局所通过。

一般推测，太古宙原始大气圈的密度较大，主要由水蒸气、二氧化碳、硫化氢、氨、甲烷、氯化氢、氟化氢等成分组成。这些气体成分，可能来源于频繁的火山活动。总的趋势是随着时间的推移，二氧化碳逐渐减少，这是由于碳酸盐沉淀时二氧化碳被固定在碳酸盐沉积物中。原始大气圈缺少自由氧，氧的出现是由于光化学作用的结果。根据各地沉积岩层的相似性，推测当时地球大部分地区为海洋所覆盖。原始的海洋可能并不深，富含氯化物，缺乏硫酸盐，这是由于在水圈中同样缺乏自由氧。随着时间的推移，大气圈的透光性增强，为生物光合作用提供了有利条件。

从化石记录得知，太古宙早期已经出现了数量比较多的原核生物。原核生物是由原核细胞组成的生物，包括蓝细菌、细菌、古细菌、放线菌、立克次氏体、螺旋体、支原体和衣原体等。原核细胞的主要特征是没有明显可见的细胞核，同时也没有核膜和核仁，只有拟核，进化地位较低。在新太古代初期，地球上可能存在地质时期的"第一次冰河期"，冰河世纪对生命的影响非常大，致使在太古宙中晚期有大量的菌类、低等的蓝藻和叠层石出现。

太古宙是一个重要的成矿期，有铁、金、镍、铬、铜、锌、稀有元素和一些非金属矿产等。同其他时代比较，许多矿产居于前列，而镍、金、铜、铁等矿产特别引人注目。如苏必利尔区、非洲南部和澳大利亚西部等地区，中国鞍山、本溪、冀东、吕梁等地大铁矿，吉南、辽西、冀东、小秦岭等地的金矿，均产于太古宙岩石中。

（2）原始生命的萌发期——元古宙

元古宙时期，是由原核生物向真核生物演化、从单细胞原生动物到多细胞后生动物演化的重要阶段。尤其是在岩层中广布蓝绿藻类的群体——叠层石（呈向上凸起的弧形或锥形叠层状，就像扣放着的一摞碗，称作叠层石），出现第一个发展高潮。由于藻类植物日益繁盛，它们营光合作用不断吸收大气中的 CO_2，放出 O_2，使气圈和水体从缺氧发展到含有较多氧的状态，为高等级生物发展和演化营造了良好的环境条件。1887 年，S. F. 埃蒙斯命名这点地质期叫作"元古宙"，意为早期原始生命。

元古宙，距今 25 亿~5.42 亿年，持续大约 19.6 亿年的时间。元古宙又分为了始元古代、古元古代、中元古代和新元古代。其中，始元古代距今 25 亿~18 亿年，历时 7 亿年。始元古代大量蓝藻、细菌开始出现，并走向繁盛。值得提及的是，这个时期是世界上形成特大型铁矿田，出现硅铁建造的主要时期。有科学家将距今 25 亿~23 亿年这段时间称之为"成铁纪"，名称来自于希腊语"铁"（sideros）。

古元古代（18 亿~12 亿年前），历时 6 亿年。期间，蓝藻、细菌经过了几亿年的进化，终于进化出了大型宏观藻类。中元古代（12 亿~6.3 亿年前），历时 5.7 亿年。期间，在为距今 8.50 亿~6.30 亿年间出现全球性的雪球事件，科学家们将这段时期命名为"成冰纪"。成冰纪期间生物演化进入低潮，但冰期过后海洋生物突然爆发。这就是元古宙的新元古代，距今6.3亿～5.42亿年的埃迪卡拉纪，有着极为特殊的意义。埃迪卡拉的名字来自南澳大利亚得里亚的埃迪卡拉山。1946年，Reg Sprigg曾在这里发现显生宙以前的化石，Martin Glaessner认为这是珊瑚和海虫的先驱。在以后几十年间，南澳大利亚和其他各大洲还找到很多的隐生宙化石，如"埃迪卡拉生物群""澄江生物圈"等，彰显着地球从混沌、荒凉，走向生态文明的繁荣期。

1.3.3　走向繁荣世界的地质期——显生宙

显生宙，意指"看得见生物的年代"。较40亿年发展历程的冥古宙、隐生宙相比，显生宙涵盖的时间段只有约5.7亿年。但地球岩石圈、水圈、大气圈和生物圈发生着前所未有的变化和质的飞跃，尤其自6亿年前的生物大爆发开始，生物进化事件不再是单细胞的原核生物（指细菌和藻类植物）的天下，逐渐向较高级的发展阶段跃进，动物具有外壳、骨骼结构逐渐清晰。因此，这个时期古生物化石资料种类繁多，地壳运动时序记录翔实，科学家们才能把显生宙详细分为古生代、中生代和新生代等三代十一纪。

（1）古生代

古生代，为5.42亿～2.5亿年前，持续了3.2亿年。包括了寒武纪（距今5.42亿～4.9亿年）、奥陶纪（距今4.9亿～4.38亿年）、志留纪（距今4.38亿～4.1亿年）、泥盆纪（距今4.1亿～3.54亿年）、石炭纪（距今3.54亿～2.95亿年）、二叠纪（距今2.95亿～2.5亿年）。其中寒武纪、奥陶纪、志留纪又合称早古生代，泥盆纪、石炭纪、二叠纪又合称晚古生代。

古生代时期的地壳运动和气候变化深刻影响自然环境的演替。其中，早古生代的地壳运动在欧洲称加里东运动，在美洲称太康运动，在中国又称广西运动。此时古北美、古欧洲、古亚洲、冈瓦纳古陆及古太平洋、古地中海都已形成。晚古生代地壳运动在欧洲称海西（华力西）运动，在北美称阿勒盖尼运动，在中国又称天山运动。经过古生代地壳运动，世界许多巨大的褶皱山系出现，南方的冈瓦纳古陆和北方的劳亚古陆联合在一起，形成泛古陆。晚古生代在冈瓦纳古陆发生了大规模的冰川作用，大冰盖分布于古南纬60°以内的今日南非、阿根廷等地，该冰川作用期即地质历史上的石炭——二叠纪大冰期。

在古生代，动物群以海生无脊椎动物中的三叶虫、软体动物和棘皮动物最繁盛，相继出现低等鱼类、古两栖类和古爬行类动物。鱼类在泥盆纪达到全盛，石炭纪和二叠纪是昆虫和两栖类繁盛，最早的无翼的昆虫是在下泥盆纪时代就出现的，到上石炭纪已有有翼的昆虫超过 500 种，在陆地上生活的脊椎动物还保存着相当的水生习性，由于还没有竞争对手所以它们的种类非常多，有些长到 6m 长。在上石炭纪的末期还找到了最古老的可以算作爬行动物的骨骼化石。这时也出现了最早的带有硬壳的蛋。

古植物在古生代早期以海生藻类为主，至志留纪末期原始植物开始登上陆地。泥盆纪以裸蕨植物为主，而进入石炭、二叠纪尤其是上石炭纪可以被称为是蕨类植物的时代。由几个立方米的木头才能演变为 1 立方米的煤，其蕨类植物森林的规模就可以从今天石煤层的规模中换算出来。这些成为今天的石煤的植物中最主要的是鳞木目和封印木属的植物。这些树状的植物属于今天的石松纲，它们高可以达到 40m，直径可达 1m。属于问荆的芦木也达到 20m 高，舌羊齿类植物也成为树一般的高大木质植物。石炭纪末期有花植物（裸子植物如歧杉和瓦契杉）出现。

（2）中生代

中生代最早由意大利地质学家 Giovanni Arduino 所划分，距今 2.5 亿~0.65 亿年，持续约 1.85 亿年。分为三叠纪（距今 2.5 亿~2.05 亿年），1834 年命名于德国西南部，那里有三套截然不同的地层；侏罗纪（距今 2.05 亿~1.35 亿年），因 1829 年前后在德国和瑞士交界的侏罗山发现有明显地层特征而命名；白垩纪（距今 1.35 亿~0.65 亿年），因 1822 年发现英吉利海峡两岸悬崖上露出白色沉积物，恰是当时制粉笔的白垩土而得名。

中生代，在希腊文中意为"中间的生物"，由于这段时期的优势动物是爬行动物，尤其是恐龙，因此又称为爬行动物时代。中生代也是板块、气候、生物演化改变极大的时代。在中生代开始时，各大陆连接为一块超大陆——盘古大陆。盘古大陆后来分裂成南北两片，北部大陆进一步分为北美和欧亚大陆，南部大陆分裂为南美洲、非洲、印度与马达加斯加、澳大利亚和南极洲，只有澳大利亚没有和南极洲完全分裂。中生代的气候非常温暖，对动物的演化产生影响。在中生代末期，已见现代生物的雏形。

提及中生代，不能不说恐龙。恐龙最早出现于三叠纪，兴盛于侏罗纪，在白垩纪晚期突然灭绝。在长达1.85亿年的时间段内，恐龙曾经是主宰地球的霸主。关于恐龙灭绝事件发生的原因，多数科学家们根据白垩纪上覆地层中"铱"元素富集的现象，认为可能与行星撞击地球引发生态环境恶化有关。近年来，根据河南西部侏罗纪、白垩纪地层中恐龙遗迹的研究发现了新的线索。河南义马煤田形成于侏罗纪，这里的侏罗纪地层赋存大量的古银杏类、星芦木类化石和恐龙遗迹化石，被科学家命名为"义马侏罗纪植物群"。从巨厚层状的可开采煤层产出到义马侏罗纪植物群的出现，说明这个时期温暖潮湿，自然生态环境良好。而进入伏牛山至外方山的白垩纪地层出露区，则是另外一种景象。紫红色的泥沙岩石里夹杂着大量的山洪冲积而形成的砾石层，为数不少的恐龙蛋在未孵化之前即被洪水携带的泥沙所掩埋。说明，温室效应在白垩纪晚期发展到极致，生态环境的急剧恶化加速了恐龙群体的迅速灭亡。

（3）新生代

随着恐龙的灭绝，中生代结束，一个新生时代开始。新生代，这个名称是1829年由儒勒·迪斯努瓦耶在研究塞纳河低地的沉积层时发现一直延伸到今天的岩层而提出。新生代，分为古近纪、新近纪和第四纪等三个纪。根据地层叠压关系和古生物化石资料又可划分为古新世、始新世、渐新世（属古近纪）、中新世、上新世（属新近纪）和隶属于第四纪的更新世、全新世等七个世。

新生代古生物、古地理、古气候等较中生代均发生了重大变化。生物界以哺乳动物和被子植物大发展为特征，称为哺乳动物时代或被子植物时代。古气候的重要事件是第四纪冰川的形成。中国地理学家竺可桢指出，第四纪欧洲和北美洲北部经历了四个冰川时期和四个间冰川时期：第一冰川时期距今30万~27万年；第二冰川时期距今20万~18万年；第三冰川时期距今13万~10万年；第四冰川时期距今6.5万~1.5万年。古地理、古构造的重要变革发生在中国古大陆的西南缘和东南缘。在西南缘由于始新世晚期印度板块与古亚洲板块的最终对接碰撞，导致新近纪以来青藏高原的急剧抬升和喜马拉雅山世界屋脊的形成，大陆边缘裂陷和弧后扩张，沉积厚的盆地，如渤海湾盆地、东海盆地、南海盆地等。盘古大陆彻底分裂，地球上的各个大陆逐渐移动到今天的位置上。

第四纪又称灵生纪、人类纪，大约在 160 万年前的更新世已是人类旧石器时代了，在距今不足 1.2 万年的全新世，中石器时代、新石器时代相继开始，人类使世界进入全新的时代。在这段时间里气候不断变化，冰川期与冰川间期交换。在冰川期中冰川可以一直延伸到纬度 40° 的地方。在这段时间里只有很少新的动物种类产生（可能因为这段时间还比较短），但有剑齿虎、猛犸象、乳齿象、雕齿兽等不少哺乳动物灭绝，可能与第四纪冰期有关。

1.4 现代地球的结构与物理参数

如果把地球的横空出世，比作天文期"十月怀胎"、冥古宙"一朝分娩"，那么大分化、大动荡、大变革的隐生宙则如同襁褓中的"婴幼儿"，而处于快速发展、逐步走向成熟的显生宙阶段，好比活泼好动的青少年，精神面貌可谓"一步一个台阶"。三十而立、四十而不惑，经过 46 亿年的构造演化，新生代的地球已进入不惑之年的青壮年期，沉稳、淡定而富有活力。厚厚的大气层抵御陨石雨的袭击和强力紫外线的杀伤，广阔的海洋调节气候并为大陆提供充沛的降水，地球自转的地理轴还特意偏转，为这个世界播撒春夏秋冬、夜昼寒暑。宇宙世界唯一的适宜生物生存的星球和谐安宁的环境，使地球的又一代霸主——人类顺利度过了由向直立、向智能的进化，由原始社会向农业革命、工业革命向信息时代迈进。从称之为鲍氏南方古猿的"东非人"已经有明显的社会关系、能制造及使用简单工具的古石器时代算起，至今已有 250 万年的历史。尤其是近代的 100 年的工业革命，人类社会对地球的认知突破了朦胧的界限，开始利用积累的知识和技术测量地球。

1.4.1 地球物理勘探与超深钻——人类丈量地球的测尺

地球物理勘查，是通过磁法、重力、电法（含电磁法）、弹性波法（含地震法和声波法）、核法（放射性法）、热法（地温法）与测井等专门的观测仪器，获取地球在时间和空间上的分布及形态等有关地球物理异常数据，达到解决地质结构和构造的目的。其中，利用地震波通过不同介质的传播速度可以探测固体地球的圈层结构。

就地震勘探而言，假如地球物质完全是均一的，那么由震源发出的地震波将以直线和不变的速度前进。但实际分析的结果表明，地震波在向下传播时总是沿着弯曲的路径传播并且不同深度的波速不一致，这表明地球内部的物质是不均一的。由地震波曲线的变异而获取的莫霍洛维奇面（简称莫霍面）和古登堡面为界线，可以将地球内部划分为地壳、地幔、地核三个主要圈层，这也是地球内部最主要的物性及化学组分的分界单元。

莫霍面最先是由克罗地亚学者霍洛维奇于1909年发现的。在莫霍面的上下，纵波速度从7km/s秒迅速增加到8.1km/s；横波速度从4.2km/s增加到4.4km/s左右。莫霍面出现的深度，全球平均为33km，在大洋之下仅为7km。后来，人们就把莫霍面之上的部分，称为地壳，莫霍面之下到古登堡面之间称为地幔。

古登堡面最早是由美籍德裔学者古登堡于1914年发现的。在此不连续面上下，纵波速度由13.6km/s突然降低为7.9km/s；横波速度从7.23km/s到突然消失（地震波的能量其实可以一直向下传到地核内部的，只不过横波在液态外核无法测量出来）。此界面位于地下2 885km深度。此界面之下到地心，称为地核。

如今，科学家们还利用大陆科学钻探技术来获得地壳深部信息，通过保留在垂向层序中的地质记录研究"系统瞬态动力学"特征使多解性变得"真相大白"，由深部钻探技术和地球物理遥测技术构成的科学钻探工程被誉为"伸入地球内部的望远镜"。由德、美、中三国发起的"国际大陆科学钻探计划委员会"于1996年正式成立。目前已经实施和正在实施的国际大陆科学钻探项目有45项，主要研究主题包括地球历史和气候、沉积盆地的演化和物理过程、火山系统和地球内部的热机制、地壳内部流体、地壳的地球物理、天体撞击构造和大规模生物灭绝、岩石圈动力学和变形、汇聚板块边界和碰撞带、矿床的成因、下地壳和上地幔的物质成分、基底省结构与演化、深部生物圈等。著名的钻探计划有贝加尔湖环境钻探计划、墨西哥的希克苏鲁伯陨石钻探计划、夏威夷大洋火山钻探计划、圣安德利斯断裂和地震钻探计划、日本的云仙火山岛弧钻探计划、非洲的博苏姆推维湖和马拉维湖环境钻探计划、中国的连云港大陆科学钻探计划和江苏东海科钻一井的岩石圈钻探、青海湖环境科学钻探、松辽盆地白垩纪科学钻探以及台湾省的车龙埔断裂带钻探等项目获得了 ICDP 的资助。近期，国际大陆科学钻探正与国际大洋科学钻探联手，意味着一个探测地球的新时代的来临。

1.4.2 牛顿定律——量算地球的质量

按照宇宙始于大爆炸的假说，地球上多种多样的物质，都是从基本粒子聚变成氢开始的，然后是四个氢合成一个氦，氦再进一步合成其他元素。这样从轻元素到重元素，在 150 亿年前的大爆炸后 50 万 ~ 100 万年时，现今所有的元素就已通过核聚变而逐渐形成。因此，在地球的物质组成中，地壳主要由铝硅质岩石组成，地幔由铁镁质组成，地核则是由固溶体状态的铁镍元素构成。那么，第一个测量出地球质量的人是谁呢？

1798 年，英国科学家亨利·卡文迪许通过巧妙实验，利用牛顿第二定律 $F = mg$ 和引力定律 $G = fm/r^2$，间接测量出地球巨大的质量数值 $M = gr^2/f$，式中，m 为地表上一个受地心引力作用的物体的质量，g 是重力加速度，r 为地球的半径，f 为引力常数。他以旋转椭球体作为地球模型，进一步考虑地球内部温度、压力变化和物质分布因素等，结合动力学分析，得出地球的质量为 5.974×10^{24} kg，故被人们誉为"第一个称地球的人"。

地壳是指从地表（包括陆地表面和海洋底面）开始，深达莫霍面（M 界面）的表层壳体，相当于岩石圈的上部，但不包括水圈和大气圈。研究表明，大陆地壳的平均厚度为 33km，而大洋地壳厚度一般仅为 5 ~ 10km，两者相差很大，主要原因是其岩石类型及其组成不同。目前，地壳中已发现的化学元素有 92 种，即元素周期表中 1 至 92 号元素。化学元素在地球化学系统中的平均分布量叫地壳中化学元素的丰度。任一化学元素在地壳中的平均丰度叫地壳中化学元素的克拉克值。地壳中不同元素的含量差别很大，含量最高的三种元素氧、硅、铝，总量占地壳元素总量的 82.63%，若加上含量大于 1% 的元素铁、钙、钠、钾、镁，总量达 98%，剩余的 84 种元素含量之和仅占 2%。在地壳中，含量大于 1% 的上述 8 种元素为主要元素。除氧以外的 7 种元素在地壳中都以阳离子形式存在，它们与氧结合形成的含氧化合物，是构成沉积岩、岩浆岩和变质岩三大类岩石的主体，因此又被称为造岩元素。

地幔在地球层圈模型中界于两个一级界面——莫霍面和古登堡界面之间，其体积占整个地球的83%，其质量占地球总质量的67.8%。根据次级地震波界面，地幔又可分为三个亚层。从莫霍面往下400km深处为上地幔，400~1 000km深处称为转变区，1 000~2 900km深处为下地幔，该圈层的组成非常均匀且富含铁矿物。

地核为地球内部古登堡面至地心的部分，平均厚度约为3 400km。地核的温度很高，压力和密度很大，密度达 9.98~12.5g/cm³，体积占地球总体积的16.2%，质量占地球全部的33%。根据地震波的传播特点，在5 149km深度有一个次级界面，以此为界面可将地核分为外核和内核两部分。外核可能由液态铁组成，内核温度高达4 000~4 500 ℃，由刚性很高的、在极高压下结晶的固体铁镍合金组成（图1-3）。

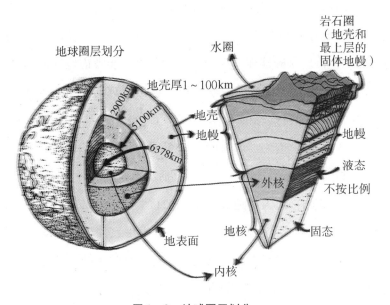

图1-3　地球圈层划分

1.4.3　从外层空间看地球——蓝色的行星

从地表以上到地球大气的边界部位，统称为地球的外部圈层。既有有机物，也有无机物；既有气态物质，也有固态和液态物质。分布于地球外部的这些物质，经历了漫长的地质演化过程，现已形成了一些分布有序、物质构成有别的外部大气圈、水圈和生物圈，它们各自形成一个围绕地表自行封闭的圈层体系。虽然各个圈层是一个单独的体系，但是它们之间是相互关联、相互影响、相互渗透、相互作用的，共同促进地球外部环境的演化，形成生物界（理所当然地包括人类）赖以生存的自然环境。

如果从离地球数万千米的高空俯视地球，可以看到覆盖地球表面的大部分是蓝色海洋，它使地球成为一颗"蓝色的行星"。据科学家估算，地球表层的总水量约为 1 385 984 610m³，其中海洋水占 96.5%，以冰川为主的陆地水占 2.7%，大气中的水与前两者相比少得几乎可以忽略不计。地球的水圈，包括海洋、江河、湖泊、沼泽、冰川和地下水等液态水和固态水，它是一个连续但不规则的圈层。地球物理勘探资料证明地下水可能渗透至 15km 以下，超深钻表明在 4 ~ 9km 处存在大量的流体；大洋地幔水含量约为地球重量百分含量的 1/100，大陆地幔的水含量约为 1/1 000。地球水圈总质量为 1.66×10^{21} kg，约为地球总质量的 1/3 600，其中，海洋水质量约为陆地水（包括河流、湖泊、表层岩石孔隙和土壤中的水）的 35 倍。如果将地球的大陆地壳与海洋地壳拉平，那么全球将被深达 2 600m 的水层所均匀覆盖（表 1 - 2）。

表 1 - 2 水圈各储库中水的重量和所占百分比

储库	重量/ $\times 10^{17}$ kg	百分比/%
海洋水	13 700	97.25
固态水（冰盖和冰川）	290	2.05
深层地下水（750 ~ 4 000mm）	53	0.38
浅层地下水（ < 750mm）	42	0.30
湖泊水	1.25	0.01
江河水	0.017	0.000 1
土壤含水	0.65	0.005

续表

储库	重量/×10¹⁷kg	百分比/%
大气圈含水	0.13	0.001
生物圈含水	0.006	0.000 4
水圈总量	14 087	100

大气圈为地球圈层中最外部的气体圈层,它包围着海洋和陆地。大气圈与星际空间没有明显的界线,随距地表高度的增大而趋于稀薄,在 2 000 ~ 16 000km 高空仍有稀薄的气体和基本粒子。在地下、土壤和某些岩石中也会有少量空气,它们也可认为是大气圈的组成部分。地球大气的主要成分为氮、氧、氩、二氧化碳和其他微量气体。地球大气圈气体的总质量约为 5.136×10^{18} kg,相当于地球总质量的 $1/(1.163 \times 10^{6})$。由于地心引力的作用,几乎全部的气体都集中在离地面100km高度的范围内,其中75%的大气又集中在地面10km高度的对流层范围内。根据大气分布特征,在对流层之上还可分为平流层、中间层、热层、散逸层等。地球大气的主要成分为氮、氧、氩、二氧化碳和不到

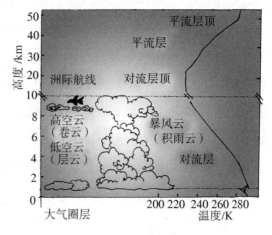

图 1 - 4 大气圈层

0.04% 比例的微量气体。根据大气的气温垂直分布、化学组成及运动规律,将大气圈划分为对流层、平流层、中间层、热层等若干层次(图 1 - 4)。

对流层:其厚度随纬度和季节不同而变化,赤道附近高约18km,两极约为8km,大气75%、水气90%集中于该层。上升100m,温度降低0.6℃,上部气温降到 -50℃。

平流层:对流层之上非常稳定的平流层,高度在 17 ~ 55km。气温保持不变或略有上升,水平运动。

中间层：从平流层顶到 80 ~ 85km，温度随高度增加而下降，至其顶层气温可达 -92 ℃ 左右的极低值。

热层：80 ~ 150km 高度之间称为热层。空气密度小，气温普遍升高，可达极值 1 200 ℃，处于高度电离状态，氧、氮的一部分分解成原子。

在热层的上部 800km 以上，还有散逸层。

生物圈是指地球大气圈、水圈和地壳表层在合适的温度条件下，形成的适合于生物生存的自然环境。人们通常所说的生物，是指有生命的物体，包括植物、动物和微生物。据统计，在地质历史上曾生存过的生物有 5 亿 ~ 10 亿种之多。然而，在地球漫长的演化过程中，绝大部分物种都已经灭绝了。全球现存的植物约有 40 万种，动物有 110 多万种，微生物至少有 10 万种。现存的生物主要生活在岩石圈的上层部分、大气圈的下层部分和水圈的全部，构成了地球上一个独特的圈层，称为生物圈。生物圈是太阳系所有行星中，仅在地球上发现存在的一个独特圈层。

1.4.4 绚丽极光的引申——地球磁场和磁极漂移

在地球南北两极附近地区的高空夜间常会出现灿烂美丽的光辉，有时像一条彩带，有时像一团火焰，有时又像一张五光十色的巨大银幕。它轻盈飘荡、忽暗忽明。由于它的骤然出现，为静寂的极地赋予了一抹壮丽动人的景象，这就是"极光"。产生极光的原因是来自大气外的高能粒子撞击高层大气中的原子的作用（图 1 - 5），这种相互作用之所以发生在地球磁极周围区域，是太阳风的部分荷电粒子在到达地球附近时被地球磁场俘获，并使其朝向磁极下落与氧和氮的原子碰撞，呈激发态的离子发射出不同波长的辐射，产生出红、绿或蓝等色的极光特征色彩。固体地球是一个磁化地球，有自身的磁场。

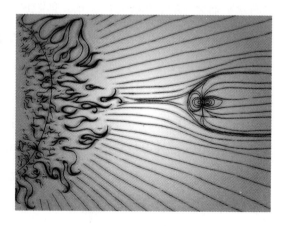

图 1 - 5　地球磁线的产生

具有磁性的物质在地球磁场的作用下，能指示方向。远在公元前 1100 年，我们的祖先就利用这一个现象发明了指南针并于公元 14 世纪传到欧洲，才促成了像哥伦布和麦哲伦等人的航海探险伟绩。

第一个提出地磁场理论概念的是英国人吉尔伯特。他在 1600 年提出一种论点，认为地球自身就是一个巨大的磁体，它的两极和地理两极相重合。1893 年，数学家高斯在他的著作《地磁力的绝对强度》中从地磁成因于地球内部这一假设出发，创立了描绘地磁场的数学方法。后来，美国加州大学伯克利分校地球物理学家首次测量出地下约 2 900km 深处地核区的磁场强度，为地球磁场的形成提供了较为科学的解释。地核的内核为半径约 1 300km 的凝固铁镍球，液态外核包含了地球 2/3 的铁和镍。巨大的热量使外核沸腾或"对流"引导金属升降便产生了电流继续维持磁场，而这种流动发电在地表产生了缓慢的磁场转变。

在地面上，只有两个点的磁力线是垂直的，而且磁性最强，这就是"磁极"。按地理学上的习惯，把位于北半球的磁极叫磁北极，位于南半球的磁极叫磁南极，南北磁极的连线叫磁轴。在南北磁极之间，有一个地带的磁力线是水平的，以致磁极的方向平行于地面。那里是磁性最弱的地方，叫磁赤道。由磁针指示的磁南、北极，为磁子午线方向。由于地磁极与地理极不吻合，地理子午线与地磁子午线的夹角称作磁偏角。由于磁针的空间位置与磁力线完全重合，而磁力线只有在地磁赤道上才与水平面平行，由此向北或向南移动时，磁针都会发生倾斜，其与水平面之间的夹角称作磁倾角。地磁场包围着整个地球，其范围可以延伸到 100 000km 以上的高空。地磁场内有磁力作用存在，磁力的大小叫磁场强度。

地磁场的短期变化每天都有轻微而规则地发生，磁偏角的变化约几分，磁场强度的变化几十伽玛。比较强烈的突然性的地磁场变化现象，称为磁暴。磁暴平均每年发生 10 次左右，每次时间从几小时到几天。磁暴发生时，磁针摆动不停，罗盘无法使用，无线电信号中断，高纬度地区出现极光。因此，磁暴也是一种危害性很大的灾害性自然现象。磁暴与太阳活动时发出的大量电磁辐射，导致大气产生强烈电离有关。

地球磁场不是孤立的，它受到外界扰动的影响，宇宙飞船就已经探测到太阳风的存在。太阳风是从太阳日冕层向行星际空间抛射出的高温高速低密度的粒子流，太阳风磁场对地球磁场施加作用，好像要把地球磁场从地球上吹走似的。尽管这样，地球磁场仍有效地阻止了太阳风的长驱直入。在地球磁场的反抗下，太阳风绕过地球磁场，继续向前运动，于是形成了一个被太阳风包围的、彗星状的地球磁场区域，这就是磁层。地球磁层位于距大气层顶 600～1 000km 高处，磁层的外边界叫磁层顶，离地面 5 万～7 万 km。在太阳风的压缩下，地球磁力线向背着太阳一面的空间延伸得很远，形成一条长长的尾巴，称为磁尾。在磁赤道附近，有一个特殊的界面，在界面两边，磁力线突然改变方向，此界面称为中性片。中性片上的磁场强度微乎其微，厚度大约有 1 000km。中性片将磁尾部分成两部分：北面的磁力线向着地球，南面的磁力线离开地球。

关于磁极的漂移。多数科学家认为，由于地壳与地核自转角速度不同步，地核必然通过地幔软流层物质向地壳传输角动量，其结果是地核的自转角速度逐渐减小，出现地壳自转角速度大于地核自转角速度的情形。这时，在地球表面就会感受到来自地核逆地球自转方向的旋转质量场效应。按照左手定则判断，新形成的地磁场的 N 极在地理北极附近，S 极在地理南极附近。但地壳与地核间的相对速度却是呈周期性变化的，这就是每隔一段时间地球磁场就要发生一次倒转的原因。地磁要素存在着长期而缓慢的变化，主要表现为地磁场西移、地磁极的极性和位置变化。例如 0°磁偏线与赤道的交点，近四百年来已经西移 95°；0.69 百万年前至今的磁北极，在 0.69 百万～2.43 百万年前为磁南极，在 2.43 百万～3.32百万年前为磁北极，再以前相当一段时间为磁南极。但也有科学家认为，地球磁场从来就没有翻转过。因为地球生物都是在地球表面和水中进化的，所有地球生物从来就没有在逆向磁场中生存过。这样地球生物演化的表现也就没有逆向磁场的生物特征留存。看样子，磁场倒转问题还要争论下去。

"数字地球"是美国前副总统戈尔先生于 1998 年 1 月 31 日在加利福尼亚科学中心所做的《数字地球——认识 21 世纪我们这颗星球》的讲演中首次提出的。他认为，我们一方面拥有大量的可以发挥积极作用的信息，一方面又让它闲置起来慢慢地过时而变得无用。解决这一矛盾的方法，便是建立一个地球信息模型，该模型将地球上每一角落的信息都收集、整理、归纳，并且按照地球地理坐标建立完整的信息模型并且用网络连接起来，从而使地球上的每个人都可以快速、完整、形象地了解地球宏观和微观的各种情况，并充分发挥这些数据的作用，这就是"数字地球"。

数字地球是一项庞大而复杂的系统工程，首先需要一个统一的框架结构和协同工作环境，更需要包括计算机及网络通信技术、卫星遥感技术、全球定位系统、地理信息系统、虚拟现实、数据存储、数据库等作为技术支撑，包含有高分辨率的数字图像与地图以及经济、社会和人口统计的信息，以便使全球能够联合起来应对自然环境、自然灾害的挑战。然而，就自然灾害而言，灾难性的灾害发生、灾害链的形成，是由物质能量聚集、瞬间释放，并向下游链条的蔓延，需要有一个演化的过程来控制。尤其是对于防灾减灾预案和措施的制定与实施，需要用自然规律来预测灾害的发生时段、延缓物质能量释放的过程、终止或避让灾害链条延伸的区间，这就是地壳运动、地质与地貌演化的基本规律。本章借用"数字地球"这一专业术语，以探讨地球的起源与为演化过程主线，通过对天文期、地质期重大事件的发生区间、运动轨迹，旨在梳理出地球历经46亿年"断山裂海、萌发生命、生态演替、地貌更新"的基本脉络。

2 事件地球

《圣经·创世纪》中说："地球突然被来历不明的大洪水包围，近千米高的洪峰以雷霆万钧之势咆哮着冲向陆地，高山在波涛中颤抖，陆地在巨变中呻吟……吞没平原谷地、吞没所有生灵，摧毁了诸如亚特兰第斯大陆、希腊文明及当时整个地球上的人类文明。"如今在梵蒂冈西斯廷教堂的天花板上，通过米开朗基罗于1508—1509年创作的《诺亚之醉》《诺亚的献祭》《创造夏娃》《分开海水与陆地》等浮雕艺术作品，人们似乎还能听到狂风摇撼树枝时的呼啸，感受到上帝愤怒时的恐怖。如果说这些来自于世界各地的史前大洪水传说表明了某种历史的迹象，那么一定是基于地球上发生的某些现实事件才激起了这些思想的火花。美国诺斯阿拉莫斯国家实验室的环境考古学家布鲁斯·马赛认为，大洪水故事大多起源于直径约4.8km的彗星撞击了现在的马达加斯加海岸，过热的水蒸气和微粒形成巨大的急流，进而导致182.8m高的剧烈海啸和巨大的破坏性台风。而更为恐怖的是，由于大量的物质被抛向大气，在一周的时间里，这里都陷入无尽的黑暗当中。马赛的理论从2004年一经提出，便在地质学界得到了广泛的支持。于是，地质科学在思想上经历了重大的革命，如同与白垩纪恐龙灭绝事件大致同时出现的地球化学异常事件、稳定同位素事件和撞击事件那样，科学家们在地质记录中找寻全球性突发地质事件的"界限"证据，一门新的学科分支——事件地层学便由此而产生。

2.1 追踪地质事件，重塑古地理环境

地质学的研究对象涉及悠久的时间和广阔的空间。地球自形成以来已经有46亿年的历史，在这样漫长的时间里曾发生过沧海桑田、翻天覆地的变化，而

其中任何一个变化和事件，任何一粒矿物和一块岩石的形成和演化，往往要经历数百万年甚至数千万年的周期。对这些变化和事件，人们不能像研究人类历史那样借助于文字和文物，也不能像研究物理那样依靠在实验室中做实验，而必须靠研究分析地球本身发展过程中所遗留下来的各种记录，识别地质事件的性质和特征，建立地质事件的序列。地质事件群或组合则是成因上有联系、空间上相匹配、时间上有先后的一组地质现象，它比单独的一个事件更深刻地反映地质历史演化的过程和特点，将一个个大小事件串联起地球的整个演化过程，就像时钟上的刻度一样，为我们了解地球的发展和演化提供了明确的标识。

2.1.1 实践与假说——认识地球事件的钥匙

在 19 世纪，著名英国地质学家莱伊尔提出的历史比较法（现实类比法）。他认为当前正在进行着的各种地质作用与方式和地质时期是一样的，所不同的只是量的差别。例如，目前在海洋里沉积着泥沙，泥沙里夹杂着螺蚌壳，假如在高山地层中发现螺蚌壳化石，就可以判断这高山所在曾经是一片海洋。莱伊尔认为地球上的一切地质记录——巨厚的地层、高大的山脉等，并不是什么剧烈的动力瞬时间造成的。而是各种缓慢的为人所不察觉的地质作用，经过漫长的岁月造就呈现在人们面前的惊人结果。这种理论，被称为均变论。莱伊尔有一句名言："现在是认识过去的钥匙"，意思是根据目前掌握的地质规律来推断、认知过去地质时代历史。

与莱伊尔的论点相反，法国地质学家居维叶认为，地壳的变化和生物的发展，是由超越现在人类认识范围和经验的短暂而猛烈的激变事件所造成的。例如《圣经》上所说的大洪水，使一切生物遭到毁灭，上帝又来重新"创造"世界。"灾难—毁灭—再创造"，自然界按照这种过程，生物界不断形成新属种，如此反复，变化不已。这种观点被称为灾变论或激变论。由于它否认生物演化，并带有浓厚的宗教色彩，所以后来受到批判，逐渐被莱伊尔的均变论所淹没。

但是，莱伊尔的均变论只强调缓慢渐进而忽略了突变，只谈量变而未提质变，只注意到古今的一致性而未认识到古今还有差异性。实质上，地球的历史绝不会是简单的重复，在地球的地质演化过程中不能排除曾经发生过若干次灾变或激变事件。例如，1929 年 11 月 18 日在新英格兰的海岸和加拿大的沿海省份发生的"海岸大地震"，导致了在大陆架边缘的一大片沉积物被移动了 700km 以上，滑入北大西洋深处的海底平原。这次地震对科学而言是十分幸运的，但对于商业电报事业却是极其不幸的。海岸大地震引发的泥石流大约以 100km/h 的移动速度摧毁了 12 条跨大西洋的海底电缆。据估计，泥石流覆盖了十多万平方千米的海底，其体积足以装满 20 排并排环绕赤道的油船。随着地质学的研究日益深入，全球性、突发性地质事件的证据不断在地质记录中被发现，"事件界线"为很多地质学家所接受，并作为解决长期以来困惑地质学的渐变灾变之争提供了一个新的方向。这就是历史比较法或现实类比法。

从事事件地层学研究的科学家认为，时间是地质事件及其结果最好的过滤器，意思是随着地球的发展和时间的延续，那些意义不大的地质事件及其结果都被筛掉或过滤掉了，从而使人们通过对某些作用的结果的观测，比通过对不连续或微弱的信息直接监测地球的一般动力演化，可能更会正确地认识某些地质过程，更正确地研究现在、了解过去、预测未来。这种观点和莱伊尔的"以今证古"相反，而是"以古证今"，认为"研究过去是了解现在的钥匙"。实际上，这些不同观点可以起到互为补充的作用，古和今是一种辩证关系，以今可以证古，将古亦可论今，不可把它们对立起来。

2.1.2 归纳与论证——地质事件研究的方法

地质学所研究的地球具有巨大的空间，海洋和大陆、大陆的各个部分、地球表层和深部，在不同地点和不同深度具有不同的物质基础和外界因素，因而有不同的发展过程。因此，既要研究它们的共性，更要研究它们的差异性和相关性，才能全面、深入地找出地球的发展规律。地质学所研究的对象，从小到矿物组成的微观世界到大至整个地球以及宇宙的宏观世界，从矿物岩石等无机界的变化到各种生命出现的演化，从常温常压环境到目前还不能人为模拟的高温高压环境，从各种变化的物理过程、化学过程到生物化学过程，从地球本身各个部分的物质能量转化到地球与外部空间的物质能量转化等，充满着各种矛盾和相互作用的复杂过程。地球自诞生以来，不仅形成了光怪陆离的矿物世界、岩石世界、海洋大陆、高山深谷，也出现和演化成了种类繁多的生物世界。地球演化到今天，形成如此面貌，这固然具有人类历史所不能比拟的充分时间的作用，同时也说明地球演化的是一个十分复杂的过程。

因此，地质学是来源于实践而又服务于实践的科学。地质学必须首先是以地球为观测的对象，以大自然为实验室进行野外调查研究，在掌握了大量实际资料后进行分析对比和归纳，得出初步结论再用于指导实践，并在不断的实践中修正和补充、完善和丰富已有的结论。例如，在魏格纳发展出大陆漂移说之前，曾有人提议大西洋两岸的大陆一度为陆地所"连接"，用来解释在生物学上及古生物学上的现象，我们称这理论为"陆桥说"。这个理论假设大洋曾为现在已沉陷于海中的陆块所连接。认为在侏罗纪之前，澳洲、印度、非洲、马达加斯加，非洲、南美洲，欧洲、北美洲之间都有陆地连接着，而在南极洲、南美洲、澳洲、非洲之间，也有类似的连接。而在侏罗纪之后（约 1.5 亿年前），这些连接各大陆的陆块却一个一个消失了。对许多不可否认的古生物学上的证据，陆桥说的确激起了人们的想象力。

反对大陆漂移说的最主要的论据还有"没有发现能让大陆在水平方向移动几千千米的原动力"。直到 20 世纪 50 年代以后，大量古地磁测定资料表明，如果把古磁纬度与现今地理纬度加以比较，即可发现各个大陆的古地磁纬度与现在的地理纬度存在很大的差异。假定地球上各个大陆固定不变，彼此之间没有相互移动，那么古地磁极的位置也应该固定不变，假若固定地理极则大陆必定发生漂移。印度德干高原不同岩石的古地磁纬度变化就是最好的证据，从 1.8 亿年前的南纬 46° 逐渐向北漂移，在 5 000 万年前左右到达赤道附近，随后继续向北漂移而到达现今北纬 18° 的位置。其漂移的年速率最初为 0.7cm 增加到 16cm，到距今 5 000 万年又减慢到 2cm，最后与欧亚大陆相碰撞。

随后，美国一位第二次世界大战期间曾在美军约翰逊号军舰服役的老兵、普林斯顿大学地质系主任赫斯在执行任务时，通过对太平洋海域进行了深海测量萌发了"海底扩张"的灵感。他在那篇著名的论文《海底的历史》中写道，我的这一设想需要很长时间才能得到证实，与其说是一篇科学论文，倒不如请大家把它看作一首地球的诗篇。赫斯这种富有诗情画意的地球演化模型，在当时被视为

"天方夜谭"式的神话，但在此后短短的几年就被证实了。从洋盆的地史看，洋盆是老化的，实测的洋底却是年轻的，那么洋盆中的古老洋底到哪儿去了呢？海洋地质及海洋地球物理探测发现，更古老的洋壳都已通过洋缘的俯冲作用又重新潜没于地幔之中了！

发端于魏格纳的大陆漂移说，奠基于赫斯和迪茨的海底扩张说，引申出勒皮雄勾画的现代地球板块的轮廓。地壳板块理论把全球岩石圈系统地划分为太平洋板块、欧亚板块、非洲板块、美洲板块、印澳（印度）板块和南极（洲）板块等六大板块。大板块为一级板块，既包括陆地也包括海洋在大板块之间，还镶嵌着阿拉伯板块、婆罗洲板块、加勒比板块、加罗林板块、科科斯（可可）板块、印度支那板块、戈达板块、华北板块、纳兹卡板块、鄂霍次克板块、菲律宾板块、斯科舍板块、索马里板块和扬子板块等14个中小板块。"芝麻开花了"，通过"实践、认识、再实践、再认识"的循环往复，从感性资料的积累、理性的归纳分类，地质学家终于认识了地壳发展的客观规律，得出反映客观事物本质的结论。

2.1.3 梳理与升华——理性回归的路径

从大陆漂移说到海底扩张说，再到板块构造学说的发展，迄今被视为不解之谜的地球演化与地壳构造活动大多得到了比较圆满的解释。于是，实践与假说、归纳与论证、梳理与升华，成为我们解读地球发展历史的一把钥匙。加拿大学者威尔逊提出了大洋盆地从生成到消亡的演化循环理论。即，萌芽阶段：在陆壳基础上因拉张开裂形成大陆裂谷，但尚未形成海洋环境（如现代的东非裂谷）；初始阶段：陆壳继续开裂，开始出现狭窄的海湾（如红海、亚丁湾）；成熟阶段：由于大洋中脊向两侧不断增生，海洋边缘又出现俯冲、消减现象，所以大洋迅速扩张（如大西洋）；衰退阶段：大洋中脊虽然继续扩张增生，但大洋边缘一侧或两侧出现强烈的俯冲、消减作用使海洋面积渐趋减小（如太平洋）；残余阶段：随着洋壳海域的缩小，两侧陆壳地块相互逼近，其间仅存残留小型洋壳盆地（如地中海）；消亡阶段：海洋闭合、大陆相碰，大陆边缘强烈变形隆起成山（如喜马拉雅山、阿尔卑斯山脉）。威尔逊归纳的"六阶段论"，体现了板块构造学说的精髓——地球的表面是由漂移着的大陆和变动着的大洋（张开或闭合）组成的，这是岩石圈板块生长、漂移和俯冲活动的必然结果。因此，地质学界将其称之为"威尔逊旋回"，地壳构造运动的周期性循环往复，主宰着地球表层活动和构造演化的全局。

大陆裂谷是大陆地形的重要地貌单元，如果从外太空观察地球，大陆裂谷就是大陆表面的一条狭长的巨型裂缝，裂谷的底部往往有深水湖泊分布，比如深达1 740m的贝加尔湖就发育在贝加尔裂谷中。最著名的大陆裂谷是东非裂谷带，南起赞比西河下游谷地以南，向北延伸为马拉维湖后分为东、西两支裂谷带。东支裂谷带沿维多利亚湖东侧穿过坦桑尼亚、肯尼亚中部进入埃塞俄比亚和索马里境内，形成亚丁湾、红海、死海，在约旦河谷地终结。西支裂谷带沿维多利亚湖西侧穿过基伍湖、爱德华湖和艾伯特湖后逐渐消失。整个裂谷带南北延伸长达6 500km。裂谷在地球板块构造中是大陆崩解、大洋开启的阶段，一旦大陆地壳被拉断，中间出现一个宽阔的大洋，原来的非洲大陆就变成被大洋分隔的两个大陆。

地球本身并没有发生扩张，那么从洋中脊新生的大洋地壳在其扩张的过程中必然会出现消减作用，正如现在的太平洋就正在经历的这样，海洋总面积在渐趋减小。随着洋壳海域的缩小，最终会导致两侧陆壳地块相互逼近，最终大洋闭合、两侧大陆相碰，大陆边缘变形隆起成山，威尔逊旋回的第一过程完成，第二过程便开始在孕育和发展。

有了"实践与假说"这把认知地球的钥匙，有了"归纳与论证"这种地球科学的研究方法，有了"梳理与升华"这条感性向理性回归的路径，科学家们通过实践、认识、再实践、再认识的循环往复，终于走出了众说纷纭甚至拳脚相加的"战国时代"，从对地球在构造演化过程中所发生的重大事件的认识出发，以这些事件的发生机制与发展过程为着眼点，把地球物理学和数学模型的反演纳入到地球科学研究的范畴，全球视野的野外观察与测量、星际范围的观测与对比，以及在数理化、天地生尺度上的实验研究与理论求证，地质学随着科学技术的发展，进入全新的信息时代。

2.2 循环往复的大陆汇聚与裂解事件

关于这把解读地球发展历史事件的钥匙使用，从撕裂的南极洲和北冰洋形成过程的解释中也许可以窥见奥妙所在。南极洲和北冰洋，这两个圆形大陆、海洋与南北极点基本重合。不由使人联想到，近似规则的"圆"一定与地球绕轴自旋有关。为什么南极是大陆，而北极却是海洋？这要从"浮絮"的凝聚漂移过程说起。在地壳形成的初期阶段，液态"岩浆洋"不断向宇宙空间散发热量，当表面温度达到凝固点时，岩浆洋上就漂起一层相互独立的固体物质，我们把它叫作"浮絮"，不断凝出的浮絮漂流聚积形成最初的陆块（或古陆核）。因地球自转时的离心惯性力以极点附近为最小，浮絮很容易聚积形成以极点为中心的圆形陆块。由于北极地区的浮絮层面积大，离极地远的离心惯性力具有较大扩散力，地处末端的浮絮会带动极点周围的浮絮向四周扩散使北极点周围形成空洞，形成了今日的北冰洋。这时南极地区浮絮层的面积很小，末端未能产生裂解带动作用，而极地的微小扩能力不足以使自身破裂和扩散，这就保存了一个完整的南极洲大陆。对于南极洲和北冰洋形成过程的解释可以看出，在地球表面尚未固结期间，由"岩浆海"凝出的浮絮聚积形成初始陆块或叫"古陆核"的动力，来自于地球自转所产生的离心力。而当地球的岩石圈基本形成，这种由自转产生的离心惯性扩散能力不足以使地壳破裂，大陆漂移的动力便有地幔物质的重力分异、对流和由此产生的海底扩张来拉动。

2.2.1 地幔对流、地幔柱——地壳裂解的原动力

地幔对流，这一词汇在 19 世纪已有人提出，英国著名地质学家霍姆斯和格里格斯试图用地幔对流作为大陆漂移的驱动力。到 20 世纪 60 年代，这一观点被地质学家广泛接受，并成为海底扩张、板块移动以及地幔柱形成的重要机制。近年来的地震层析和地球化学研究成果已证实地幔流变的存在。地幔对流是一个复杂的系统，它既是一种热传导方式，又是一种物质流的运动，地幔对流可以从核幔边界上升至岩石圈底部形成全地幔对流环，也可以是分层对流，即上、下地幔

分别形成对流环。在地幔的加热中心，轻物质缓慢上升到软流圈顶转为反向的平流，平流一定距离后与另一相向平流相遇而成为下降流，继而又在深处相背平流到上升流的底部，补充上升流，从而形成一个环形对流体。对流体的上部平流驮着岩石圈板块做大规模、缓慢地水平运动。在上升流处形成洋中脊，下降流处造成板块间的俯冲（见俯冲作用）和大陆碰撞。

地幔对流是一种自然对流，既是发生在地幔中的一种传热方式（通过物质运动传递热量），又是一种地幔物质的运动过程（由物质内部密度差或温度差所驱使的），是地球内部向地球表面输送能量、动量和质量的一种有效途径。由于它被认为是地球演化的最可能的驱动因素，并且与大洋中脊裂谷和大陆裂谷的形成，地表热点的分布，地震和火山活动的生成密切相关。因此，J. 摩根于1972年根据夏威夷活火山热点因太平洋板块西移而在洋底留下一条由死火山形成的海山链，经年龄值4 000万年的中途岛转折而成向北西延伸的皇帝海岭，一直到阿留申岛西端，年龄增至7 500万年的现实情况，提出了地幔柱的概念。认为深部地幔热对流运动中的一股上升的圆柱状固态物质的热塑性流，即从软流圈或下地幔涌起并穿透岩石圈而成的热地幔物质柱状体。它在地表或洋底出露时就表现为热点。热点上的地热流值大大高于周围广大地区，甚至会形成孤立的火山。活火山热点与死火山形成的海山链，是当岩石圈板块运动时固定不动的地幔柱在板块表面留下的热点迁移的轨迹。

地幔柱估计至少来自700km或更深处，直径大致在100～250km，每年以厘米级的上升速率导致地幔顶部呈直径达上百千米的穹状隆起。地幔穹状隆起使全球产生30余个热点，这些热点大多位于洋中脊的转折拐点上。而位于南太平洋和非洲下面的两个巨型热地幔柱或叫超级地幔柱，是大陆裂解和海底扩张的基本动力。另外，在亚洲大陆之下还存在一个由俯冲物质在地幔边界堆积形成的巨型冷地幔柱，它是大陆聚合的驱动力。巨型热地幔柱和冷地幔柱相辅相伴出现，构成了现代地球物质热对流的主要方式。地幔对流所形成的超级地幔柱不断地推动着上浮板块汇聚与裂解的循环往复，这就是威尔逊旋回的发生机制，造成魏格纳所发现的"大陆漂移"现象。

2.2.2　板块碰撞造山——大陆汇聚的动力机制

造山运动"Orogeny"一词，来自希腊语，"oro"是山，"geny"是"gene-sis"的略语，诞生或起源的意思，是指地壳结构因为陆陆板块或洋陆板块发生俯冲碰撞而产生剧烈的新变化。这种变化在产生岩石高度变质变形的同时，沿大陆边缘形成拔地而起的带状山脉，故在地质学中称为造山带。如太平洋板块与美洲板块碰撞生成的北美洲大陆西海岸——科迪勒拉山脉、南美西海岸 - 安第斯山脉，美洲板块与欧亚板块碰撞生成的北美东海岸——阿巴拉契亚山脉和欧亚板块与非洲板块、印度洋板块碰撞生成的阿尔卑斯 - 喜马拉雅山脉等。板块碰撞的总趋势是板块大陆汇聚，造就新的超级大陆。这个过程是极其漫长的，需要经过至少数千万年或上亿年才能完成。对于造山运动，如果用板块漂移的思想简单概述，可以把其看作是两个板块出现相对漂移，在对接处碰撞隆起形成高山的过程。

然而，板块碰撞所产生的地应力是极为强大的，可以使运动中的大陆板块产生严重变形。如太平洋板块与欧亚大陆板块的俯冲碰撞，在东亚包括大陆架区形成如同用手触动床单那样的皱褶。例如，太平洋板块沿马里亚纳海沟一线俯冲插入到欧亚板块之后，沿俯冲带生成日本 - 琉球 - 中国台湾 - 菲律宾火山岛链，过岛链向西是日本海 - 黄海 - 东海和南中国海等陆缘海，在大陆东海岸上是一串由长白山 - 泰山 - 南岭等构成的山脉，山脉西部是松辽平原 - 华北平原 - 江汉平原，平原的背后是兴安岭 - 太行山 - 武夷山等拔地而起的山脉，到此受到来自印度洋板块对欧亚大陆的俯冲作用影响，仅出现如鄂尔多斯盆地、汾渭盆地和四川盆地等。这种凸凹不平，海沟与岛链、陆缘海，山脉与平原、盆地相间分布的地貌格局，地貌学中有一个专业术语，叫"盆岭地形"。

造山运动源于对板块构造的理解，板块运动的力量造成许多种现象，包含岩浆活动、变质作用、地壳融化、地壳厚度的增厚与减薄。在一个特定的造山带，其发生的任何作用取决于大陆地壳岩石圈的强度和流变学，以及造山运动中这些属性的改变。但是，除了造山以外也有其他地质作用的发生，如沉积作用和侵蚀作用。沉积和侵蚀作用多次重复地循环，以及接下来的掩埋和构造抬升，称为造山循环。总的来说，造山运动在长时间改变地质状态中扮演重要角色，造山带只是造山运动循环的一部分，侵蚀作用在循环中也扮演着重要角色。侵蚀作用会大量移除山的物质，露出山脉的根部，使造山带地壳均衡浮力的平衡加速进行。

2.2.3 地壳裂解与汇聚的典型案例——超大陆与造山带

基于关于地幔柱和地幔对流的理论，科学家们开始研究和解读现今全球大陆分布的轨迹，开始重建哥伦比亚超大陆、罗迪尼亚超大陆的运动形式、动力学机制。这就是板块拼接、碰撞造山、拉张解体。

现今科学家相信，至少在7.5年亿前存在一个罗迪尼亚超级大陆（图2-1）。因为当时臭氧层尚未形成，过于强烈的紫外线致使生命不适合在陆地生存，罗迪尼亚大陆是个荒地。地质学家推测罗迪尼亚大陆的分布可能在赤道以南，以北美克拉通

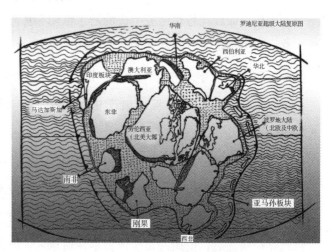

图2-1 罗迪尼亚超级大陆复原图

（劳伦大陆）为中心，在东南侧则是东欧克拉通（之后形成波罗地大陆）、亚马孙克拉通和西非克拉通环绕，南边是拉普拉塔克拉通和圣法兰西斯科克拉通，西南是刚果克拉通和喀拉哈里克拉通，在东北则是澳洲大陆、印度次大陆和东南极克拉通。基于古地磁和地质资料，大量新元古代岩浆流与火山爆发的证据在每个大陆都被发现，这些都是罗迪尼亚大陆在7.5亿年前分裂的证据。

相对于罗迪尼亚超级大陆的分裂，其形成过程就显得难以估摸。一般认为，罗迪尼亚超级大陆是由存在于18亿年前的哥伦比亚超级大陆分裂后的陆块合并形成的。古地磁学的资料证明了哥伦比亚超级大陆的存在。哥伦比亚超级大陆预测从北到南跨越12 900km，从东到西最宽处4 800km。一般认为是20亿～18亿年前因为造山运动形成，当时地球上几乎所有的陆地都组成该大陆。南美与西非的克拉通在21

亿到 20 亿年前的泛亚马孙和俄波里安造山运动中合并。非洲南部的卡普瓦克拉通和津巴布韦克拉通在约 20 亿年前沿着林波波带合并。劳伦大陆的克拉通岩石区则在 19 亿年前的泛哈德逊、佩尼奥克、托尔森－瑟隆、沃普梅、昂加瓦、托恩盖特和 Nagssugtoqidain 造山运动中缝合；包含伏尔加－乌拉尔克拉通、科拉克拉通、卡累利阿克拉通、萨尔马提亚克拉通（乌克兰）的波罗地大陆（东欧克拉通）在 19 亿~18 亿年前的科拉－卡累利阿、瑞典－芬兰、沃利尼－中俄罗斯、Pachelma 造山运动中合并。西伯利亚的阿拿巴克拉通和阿尔丹克拉通在 19 亿~18 亿年前的阿基特坎与中阿尔丹造山运动中连在一起。东南极克拉通和未知的陆块在横贯南极山脉造山运动中连接。印度南部和北部在印度次大陆中央构造带结合。华北陆块的东部和西部在 18.5 亿年前的泛华北造山运动中形成。组成哥伦比亚大陆的最后运动在 18 亿年前。到了约 16 亿年前哥伦比亚大陆开始分裂。

起始于青藏高原的昆仑－秦岭－伏牛山与大别山脉，宛如一条巨龙横亘中国大陆的中部，这就是中国中央山系、一条复合型的大陆造山带。这里至今还保存着太古宙古陆块延展与拼接、超大陆汇聚与裂解、古板块俯冲与碰撞，乃至陆内造山运动与伸展拉张、逆掩推覆等有关地壳运动的史籍档案。中国中央山系是蕴藏贵金属、有色金属和能源与建材矿产的"金腰带"，是我国大陆动力学研究的始发地。近年来，秦岭造山带存在古板块活动的构造系统已形成广泛的共识。据西北大学张国伟教授研究，作为著名的复合型大陆造山带，其现今的结构构造还受到古板块构造的动力学系统和陆内造山过程控制。扬子大陆板块的演化与华北古陆地质发展史基本雷同，不过前者多数时间在南半球飘荡，后者在赤道附近滞留，之间有广阔的海域相隔。直到 4 亿年前后的奥陶纪，两大板块相遇，开始俯冲、碰撞。如今，在陕西省丹凤县、河南省西峡县的崇山峻岭中还保存有"板块缝合带""岛弧""弧后盆地"和"大陆斜坡"等地质构造遗迹。扬子、华北两大板块碰撞拼合为一体之后，陆内造山运动开始兴起。在原板块大陆的边缘褶皱造山，绵延数千千米，横亘中国大陆中央的昆仑、秦岭、伏牛、大别山山脉隆升，浮出东方地平线。

自 20 世纪初期以来，地质学家们广泛地支持这样的观点，在欧洲和非洲之间曾存在一片海洋，今天看到的阿尔卑斯山系，是板块运动、碰撞造山的产物。

如果把大西洋两岸现今的大陆（北美洲和南美洲、欧洲以及非洲）的轮廓拼合起来，我们可以发现在欧亚大陆和非洲之间的大海仍然存在。这个海的西端终止于这个欧洲和非洲联合大陆之间的阿尔卑斯山脉，向东张开就是地中海。这个被消减面积的古地中海，在地质学中叫"特提斯海"。对于特提斯海，也就是古地中海的原始范围和消减过程，科学家们还有所争论。但在我国的青藏高原、秦岭乃至河南省的大别山北麓，不断地有特提斯海沉积层的发现。它在证明着古特提斯海是一片面积巨大的海洋，它分割了曾经出现过的劳亚大陆和冈瓦纳大陆，曾经出现在扬子板块和华北板块之间。是喜马拉雅－阿尔卑斯造山带、中国中央造山系，把古特提斯海塑造成北面被欧洲大陆、南面被非洲大陆、东面被亚洲大陆包围，东西长约 4 000km，南北最宽处大约为 1 800km，面积（包括马尔马拉海，但不包括黑海）约为 2 512 000km^2 的地球最古老、世界最大的陆间海。

研究证实，欧洲和非洲之间的相对运动大致可以分为三个阶段：第一阶段，在早侏罗纪时期（约 180Ma 前）大西洋中部开始张开，非洲和北美洲分离，其间的海洋逐渐生长和变宽。在那时由于欧洲同北美洲仍然构成一块单独的大陆，所以实际上非洲相对于欧洲朝东运动；第二阶段，在晚白垩纪（约 80Ma 前），大西洋北部开始张开，欧洲（包括欧亚和格陵兰的板块）同北美洲分离。因为欧洲相对美洲朝东推进的速率大于非洲朝东前进的速率，所以非洲对欧洲的相对运动转变成朝西运动；第三阶段，在始新世（约 53Ma 前），欧洲朝东的推进减慢下来，欧洲和非洲开始接近，导致挤压作用，引起了瑞士和奥地利阿尔卑斯山脉中的造山运动。这一运动延续到今天。

喜马拉雅山脉是世界上最高的山脉，其北延的青藏高原是世界上最高的高原。青藏高原的平均高度约 5km，它的地壳异常厚，约 70km。从喜马拉雅到青藏高原北端的距离长达 1 000km。从板块运动的角度看，喜马拉雅这条多山地带是由在早第三纪开始一直延续到今天的造山运动形成的。这个造山运动由印度大陆块体同欧亚大陆的多次碰撞和拼合而发生，最后一次是 50～60Ma 的印度、亚洲大陆碰撞。研究表明，印度、亚洲大陆碰撞之后，板块之间的作用并未终止，印度板块仍以每年 44～50mm 的速率往北推进，营造了世界上最高、最大的青藏高原，并形成印度与西伯利亚板块之间南北 2 000km、东西 3 000km 巨大范围的新生代陆内变形域。

纵观全球各大陆，我国青藏高原的出现与众不同，理论上具有许多独特之处。在全球最显著的巨型洲际构造带中，它位于环太平洋构造带和地中海（特提斯）构造带这样两个"地球大圆构造带"的交叉点上。在形成构造区的地壳性质上，青藏高原自显生宙以来长期处于裂变、沉陷状态，进行着陆壳增生作用和火成活动加积增厚的活动构造区，而如北美科迪勒拉山系、哥伦比亚高原，南美洲的圭亚那、巴西和巴塔哥尼亚高原，东非高原和南非高原等都是一长期稳定地块，自寒武纪以来经历了以上升为主的升降运动，古老的结晶岩多出露地表，仅局部有浅薄的后期沉积层，基本上未受褶皱变动，岩浆侵入和火山喷发很少。因此，青藏高原是国际地学界关注的热点区域，一种新的地质理论——大陆动力学正在以这里为重点实验室而发扬光大。

2.3 大冰期——影响地球生物界突变的重大事件

所谓大冰期，是指地球表面覆盖有大规模冰川的地质时期，又称为冰川时期。因两次冰期之间为一相对温暖时期，称为间冰期。在地球 40 多亿年的演化历史中，曾出现过多次显著降温变冷，形成冰期。新太古代大冰期（26 亿—25 亿年前）休伦大冰期，是地球历史上出现的最严酷、最长的第一次大冰期，从 24 亿年前直到 21 亿年前，其产生可能与当时地球大气层中的温室气体甲烷被同期出现的大量氧气氧化而减少，导致气温降低等有关。在前寒武纪晚期（7.7 亿年前）、石炭纪至二叠纪（3.5 亿 ~ 2.7 亿年前）和新生代的第四纪冰期（0.02 亿年前）都是持续时间很长的地质事件。除休伦大冰期外，其他大冰期与地球生物界的大爆发、部分物种灭绝和直立人的出现等重大事件，有着难以割舍的联系。

2.3.1 新元古代雪球事件与生物大爆发

早在 7.5 亿 ~ 5.8 亿年前，地球经历了一次极漫长的冰河时代，当时不仅陆地全部被冰雪覆盖，而且海洋也被完全冻结，只靠来自地球核心的热量才使液态的水在1km厚的冰层下存在。我们居住的地球经历了自形成以来最剧烈的气候波动，最极端的模式——"雪球地球"。这一结论是在20世纪60年代由剑桥地质学家得出的，他们在研究7亿年前的岩石时发现它们都和冰有过接触，一些岩石上面有冰川的划痕，其他的则从冰山的底部落入洋底，而这些岩石来自世界各地，包括那些非常靠近赤道的地方。这就是地质学家们所称谓的"雪球事件"。

地质记录显示，地球在新元古代广泛发育了多套冰川沉积。其中最具代表性的冰川沉积发生在距今约6.3亿年前，几乎在现今所有大陆上都留下了可靠的岩石记录（图2-2），这就是马瑞诺冰期。在我国南方的新元古代地层内，都发现了同时代的冰川沉积记录，它们被称为"南沱冰期"沉积。在我国西北部的塔里木地区和河南省的外方山地区也都发现有冰川活动的遗迹。

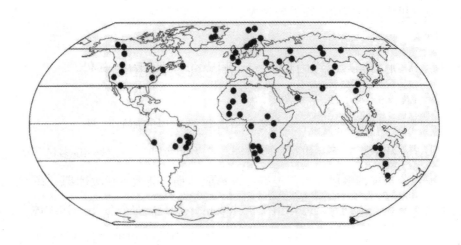

图2-2 全球新元古代冰川沉积分布示意图

一般来说，冰川只发育在高纬度地区和高山之上，如现今的南极和喜马拉雅山地区的冰川，新元古代的冰川沉积是否也形成在类似的地区呢？为了问答这个问题，地质学家们进行了沉积学和古地磁学等方面的研究，结果出人意料：那些冰川沉积岩石大多沉积在小、低纬度附近（赤道和赤道附近）的浅海里。换句话说，新元古代冰川到达了低纬度区域的海平面附近。这一独特的现象违背了人们的常识，热带海域怎么有冰川作用呢？特别的现象需要一个特别的解释。早在1975年，威廉姆斯试图对此现象做一个合理的解释。他推测当时的地球自转轴倾斜了至少54°，这样，地球赤道附近接收的太阳能量反而没有两极地区多，从而在赤道附近形成了类似于现在地球两极的冰雪环境。但是，这种假说后来受到众多的研究者的质疑。例如，物理学上无法解释地球的自转轴频繁地发生大幅度的变化，自转轴高角度倾斜必然导致较大的季节性温差，反而不利于冰川的积累。1998 年，美国科学院院士、哈佛大学地质系教授鲍尔·霍夫曼对"雪球假说"进行了详细地阐述。他认为，在新元古代，地球曾经历过数次极端寒冷的全球性的冰期事件，冰期来临时，地表平均温度在零下 50℃ 以下，整个海洋覆盖着厚厚的冰层，地球就像一个白色的"大雪球"。

前面已经谈到，地球在 13 亿~10 亿年前通过格林威尔期的造山作用形成了一个超级联合大陆——罗迪尼亚超大陆，这个超级大陆主要分布在中、低纬度地区。在经历了约 1 亿年的大陆裂谷和裂解作用后，罗迪尼亚超级大陆在 7.5 亿~7 亿年前最终裂解成了多个较小的陆块。裂解过程引起地球的岩石圈、水圈、大气圈乃至生物圈发生了一系列的变化。分散的陆块大大增加了大陆边缘和边缘海的范围，初级海生物的固碳作用和沉积作用也消耗了"温室"气体 CO_2 并释放出"冰室"气体 O_2，使地球表面的温度逐渐降低，两极冰盖形成并向中、低纬度发展。当冰盖延伸到大约南北纬 30° 地区时，冰盖反射回大部分太阳光的能量，从而进一步加快了冰盖向赤道发展的速度，全球性大冰期随之发生。

按照"雪球地球"模型，大冰期年代的火山活动并没有停止。火山带动的岩浆活动可使海底甲烷水合物（可燃冰）释放、氧化，大气圈的 CO_2 浓度迅速增加，远远超过初级海洋生物固碳和沉积作用的消耗量。经过数百万年的日积月累，CO_2 达到一定浓度时，"温室效应"就发生了，地球温度逐渐升高，"雪球"融化，地球又恢复到它的本来面目——蓝色。然而，地球经历的这次最剧烈的气候波动、最极端的冰雪环境成为生物进化过程的加速器，历经 30 亿年的初级海洋生物似乎在一夜之间以高等级生物的崭新面貌出现在世界各地的海洋中，这就是被地质界津津乐道的"前寒武纪生物大爆发"事件。

2.3.2 石炭－二叠纪大冰期与生物危机事件

当经历了长达 3.3 亿年的温暖时期之后，地球又进入持续时间长达 8 000 万年的第二次大冰期，即石炭－二叠纪大冰期。大冰期的最寒冷时期为 2.8 亿~

2.7亿年前，温度下降至少在10℃以上。石炭－二叠纪大冰期的大陆冰盖中心最初位于南非，以后经南极洲向澳大利亚呈放射状方向流动，至早二叠世晚期最后消失。从南半球各陆地上普遍存在石炭－二叠纪冰碛层与含舌羊齿类植物群的煤层交错出现表明，冰期与间冰期交替出现。

这次大冰期主要影响南半球。从冰碛岩及冰川侵蚀、沉积的其他各种遗迹的分布看，当时的大陆冰川广泛分布，大冰盖分布于古代南纬60°以内的大陆。包括大洋洲的大部、南美洲南部（巴西与阿根廷的大部）、非洲中部（现在赤道上的刚果与乌干达，以及热带的安哥拉与莫桑比克）和非洲南部（尤其是南非）、南极大陆边缘和印度、中国的西藏等地。现在的南美洲和非洲的一些地方，发现大量当年冰川活动留下的痕迹。其中澳大利亚东南部和塔斯马尼亚岛是这次大冰期冰川作用最强的地区。巴西圣保罗的冰川沉积的厚度也超过了1 000m。处在北半球的印度（当时还在南半球），在这次大冰期中，也有1/3的面积被冰川覆盖。非洲和澳大利亚是冈瓦纳古陆上冰川作用最强盛的地区，地面广为冰川覆盖。澳大利亚在二叠纪初期可能有一半的面积被冰盖占据。相对于当时冰天雪地的南半球来说，当时北半球相对温暖，大部分地区还属于气候湿热、植物繁生的成煤时期。

关于石炭－二叠纪大冰期成因的探讨也很多，一些研究者认为大冰期与太阳在银河系中的运动周期有关。斯台奈尔研究发现，在30亿年中的11个银心点有7个可与已发现的地球大冰期相对应，当太阳系运动接近银河系中心点、经过星际物质的稠密地段时，太阳光热辐射的传导受阻，地球接受日光能较少，因而出现冷的周期。也有学者认为，太阳运行到距银河系中心最近时，亮度也会变小，使行星变冷。太阳绕银河系中心一周的公转周期大约是3亿年，不管上述假说哪个正确，太阳绕银河公转一周，行星会变冷一次，由于地球表面多水，在这一周期到来时便会产生一次大冰期。

还有人认为，石炭－二叠纪大冰期是地球自身调节二氧化碳含量的结果。大气圈中二氧化碳的含量变化与地球上植物的生长状况有关。如植物快速繁殖要吸收大气圈中大量的二氧化碳，从而造成降温，形成冰期；然而冰期又会减缓植物生长，从而使二氧化碳含量恢复平衡。石炭－二叠纪时期，全球的蕨类植物的生长正处于十分繁盛的时期,含氧量大大高于现在的水平,森林广布,吸收了大量的二氧化碳等温室气体,形成大冰期也就不足为奇了。

石炭－二叠纪大冰期是地球历史上影响最为深远的一次大冰期。有人认为石炭—二叠纪大冰期引发了二叠纪末物种大灭绝。距今约 2.5 亿年前的二叠纪末期,估计地球上有 96% 的物种灭绝,其中 90% 的海洋生物和 70% 的陆地脊椎动物灭绝,它们基本上都是一些早期昆虫、原始爬行纲和鲨鱼形动物。其中有著名的四射珊瑚、横板珊瑚、筵类、三叶虫,腕足类也大大减少,仅存少数类别。二叠纪末物种大灭绝事件是地球史上最大也是最严重的物种灭绝事件,形成了地质历史上最严重的"生物危机"。

2.3.3　第四纪大冰期与古人类演化进程的提速

第四纪大冰期的全球性冰川活动约从距今 200 万年前开始直到现在,是地质史上距今最近的一次大冰期。在这次大冰期中,气候变动很大,冰川有多次进退,分别被称为冰期和间冰期。1909 年德国地貌学家彭克和布吕克纳在阿尔卑斯山建立了由老到新的贡兹、民德、里斯、武木等 4 个冰期。1930 年埃伯尔和 I. 谢弗发现了贡兹冰期之前的冰川作用遗迹,又补充了较老的多瑙冰期和更老的拜伯冰期,并将各个冰期划分成若干亚期。第四纪大冰期比以前的冰期持续时间要短,但气候比历史上很多时期要寒冷。多数科学家认为,第四纪大冰期并未结束,我们的地球仍处于第四纪大冰期中的亚冰期与间冰期之间。一旦又进入冰期,现在的温室气体不是太多了,而是太少了。与温室效应造成的海平面上升一样,人类同样将面临生存的考验。

第四纪大冰期,整个地球有 24% ～ 32% 的面积为冰所覆盖,冰川面积达 4 700 万～5 200 万 km²,还有 20% 的面积为永久冻土层,许多地区冰层厚达千米,海平面下降了 130m。最盛时在北半球有三个主要大陆冰川中心,即斯堪的那维亚冰川中心(冰川曾向低纬伸展到 51°N),北美冰川中心(冰流曾向低纬伸展到 38°N),西伯利亚冰川中心(冰层分布于北极圈附近 60° ～ 70°N,有时可能伸展到 50°N 的贝加尔湖附近)。在距今 1.8 万年前的第四纪冰川最盛时期,年平均气温比现在低 10 ～ 15℃。但第四纪大冰期并未造成大规模的集群灭绝,物种可以退却到少数"避难所"中得以生存。如东亚和美国东部都是这样的"避难所",保存了比较多的古老物种。原始人类正是在第四纪冰期和间冰期的气候变化中发展成为现代人,古人类或许在这个时候从非洲走到欧洲、亚洲,通过"白令陆桥"到达美洲。

第四纪冰期的遗迹很多,如斯堪的纳维亚半岛的峡湾,北欧、中欧、北美洲众多的冰碛残丘,阿尔卑斯山的 U 形谷和陡峭的山峰,法国和瑞士交界处侏罗山的巨大的冰漂砾等,都是第四纪冰川作用留下的产物。第四纪大冰期最盛时,整个加拿大和北欧都在冰盖的覆盖下,冰川消退之后,留下了大规模的湖泊群,所以加拿大和芬兰都成了"千湖之国"。我国的第四纪冰川,是李四光于 1922 年首先在太行山东麓及山西大同盆地发现的,冰川的范围包括东北的长白山、大兴安岭、小兴安岭,北方和西北的崂山、泰山、华山、太白山、秦岭、五台山、太行山、吕梁山、阴山、贺兰山,南方的滇、黔、桂、赣、浙、西藏等山地和高原,也波及东部山区并常以冰舌向山麓平原流溢。在我国,这一时期也相应地出现了鄱阳亚冰期(137 万~150 万年前)、大姑亚冰期(105 万~120 万年前)、庐山亚冰期(20 万~32 万年前)与大理亚冰期(1 万~11 万年前)4 个亚冰期。

2.4　生物事件——生物演化史上的里程碑

达尔文的《物种起源》为我们揭示了地球生物的进化过程,然而地球演化史上的一次生物爆发事件,曾让提出演化论的达尔文也非常困惑,他在《物种起源》中写道:"这件事情到现在为止都还没办法解释。所以,或许有些人刚好就可以用这个案例,来驳斥我提出的演化观点。"科学家在 35 亿年前形成的岩石里,找到曾经生活在海洋里的单细胞生物菌藻类形成的化石。尽管这是一些微小的化石,需要用电子显微镜才能看到,但根据这些化石我们得知,最早的地球生命以单细胞的形式在海洋里延续了近 30 亿年。然而,到了大约在 6.8 亿年前,海洋里突然出现了个体较大、结构复杂的多细胞生物。令人遗憾的是这些生物绝大多数没有硬体,很难保存成化石。古生物学家在澳大利亚的埃迪卡拉,劈开褐色的薄层泥岩,发现许多不同动物的印模化石,有的像水母、蠕虫,有的像珊瑚动物以及其他动物。科学家把这一个动物群命名为埃迪卡拉动物群，代表生活在6.8亿年前海洋中的生物群。与寒武纪生物大爆发所带来的惊喜不同，地球演化历史上的生物灭绝事件无疑是一场巨大的灾难，而且灾难曾不止一次地在地球上降临。自从6亿年前多细胞生物在地球上诞生以来，物种大灭绝现象已经发生过5次。

2.4.1 达尔文的困惑——生物大爆发事件

埃迪卡拉动物群，被认为是寒武纪生物大爆发的起源，也是20世纪古生物学最重大的发现。这一发现，使科学界摈弃了长期以来认为在寒武纪之前，不可能出现相对于原生动物的多细胞动物化石的传统观念。埃迪卡拉动物群包含3个门，19个属，24种低等无脊椎动物。尽管它们的形态、结构都很原始，多保存为印痕化石，但它们包含的多种形态奇特的动物化石是人们迄今为止发现的最古老、最原始的，也是最有说服力的生物证据。

尽管有关埃迪卡拉动物群的性质还有许多争议，但其奇怪的形态令许多学者相信，埃迪卡拉动物群是后生动物出现后第一次适应辐射。它们采取的不同于现代大多数动物采取的形体结构变化方式，不增加内部结构的复杂性，只改变躯体的基本形态，使体内各部分充分接近外表面，在没有内部器官的情况下进行呼吸和摄取营养。可以认为，埃迪卡拉动物群是在原始大气层氧含量较低和高辐射量的条件下，后生动物大规模占领浅海的一次尝试，结果失败了。按Seilacher的观点，埃迪卡拉动物群可分为辐射状生长、两极生长和单极生长3种类型。除辐射状生长的类型中可能有与腔肠动物有关系的类群外，其他两类与寒武纪以后出现的生物门类无亲缘关系，说明已经绝灭。

在后来的演化过程中，后生动物采取了第二种方式，使内部的器官复杂化和物种多样化，生命进化出现飞跃式发展的。几乎所有动物的门类都在这一时期出现了，节肢、腕足、蠕形、海绵、脊索动物等一系列与现代动物形态基本相同的动物在地球上"集体亮相"，形成了多种门类动物同时存在的繁荣景象。在世界各地后续发现的诸如中国云南"澄江生物群"等共同印证了这一生命进化史上的壮观景象，于是被形象地称为"生物大爆发"。

"生物大爆发"形象地描绘了寒武纪生物的快速演化及辐射发展。然而，这种"快速""爆发"是以地质时代为尺度的。也就是说从地球整个历史来看这一事件是快速的、用时是短暂的。而绝大多数动物门类的突然出现，它是一个自然演化过程，是各种物质因素的综合诱导，从量的积累到质的飞跃。针对大爆发，演化论者曾经提出过几种假设：一是地球在寒武纪之后才出现足以保存化石的稳定岩层，而前寒武纪的沉积物毁于地热和压力无法形成化石。二是生物到了寒武纪才演化出能够形成化石的坚硬躯体。三是大气中累积足够的氧气量，足以使大量动物短时间演化，并且形成臭氧层隔离紫外光。四是某些掠食性动物侵入物种稳定平衡的地区，减少原先占优势的物种，释放生态栖位给其他物种，进而促进大量物种歧异度的增加。虽然对生物大爆发的原因现在仍没有定论，但是生物大爆发带来了地球演化史上的一个全新的阶段，值得我们欢呼雀跃。

2.4.2 优胜劣汰——生物大灭绝与新物种兴起

在生物大爆发之后的相当长的时间里，海生无脊椎动物真正达到繁盛。在距今 4.4 亿年前的奥陶纪末期，各大陆上不少地区相继发生重要的构造变动，大部分地区海洋消退上升成陆地，部分地区还要褶皱成山，地壳的古地理轮廓被改变。按古地磁数据，奥陶纪时期，各大陆相对于两极的位置和大陆之间的相对位置都曾发生过重要的改变，南极应位于现在北非西北部，北极应位于南太平洋，大陆地区基本上位于南半球，南大陆的东部仍处于赤道附近。在奥陶纪晚期，南大陆的西部发生了大规模的大陆冰盖和冰海，大片的冰川使洋流和大气环流变冷，整个地球的温度下降了，冰川锁住了水，导致全球海平面的下降。使得原先丰富的沿海生物圈被破坏，全球第一次物种大灭绝发生了，大约有 85% 的物种灭绝。在距今约 3.65 亿年前的泥盆纪后期，中太平洋地幔柱喷发出大量火山灰和温室气体，导致地球气候变冷和海洋退却，海洋生物再一次遭到重创。

祸兮福之所倚，福兮祸之所伏。"祸""福"是对立矛盾的，陆地面积扩大，海洋面积缩减，促使原来在海里生活的生物向陆地上转移。在志留纪晚期，在滨海地区的沼泽中，出现了一种极为原始的蕨类植物，这类植物的根、茎、叶都还没分化出现，故被称为裸蕨，它们是首先登上陆地的植物。到了泥盆纪，陆地上的植物增多，而且大多有根有茎，枝叶茂盛。这些植物，仍以蕨类为主，不过它们可不像今天我们还可看到的那种矮小的草本植物的蕨类，而是多为高大的木本植物，特别是在进入石炭纪以后，这些植物更为茂盛。它们在许多地方组成了茂密的森林，树木的高度有达到 40m，茎的基部最粗的有 3m。动物登上陆地比植物要晚，但在泥盆纪，脊椎动物飞越发展，鱼类相当繁盛，故被称为"鱼类时代"，从总鳍类演化而来地原始爬行动物——四足类（四足脊椎动物）地出现，到了石炭、二叠纪时，地球上变成了两栖类动物的天下。昆虫有 1 300 种以上，其中有形体特别大的，翅膀就有 70cm 长。生物界面貌的这种一次次变革是否能够归功于"地质事件"的发生，尚且难于定论。但从生物界为了适应改变了的生态环境而加速自身进化的角度讲，"地质事件"起到了催化剂、加速器的作用。至于那些已经灭绝的物种，是否可"物竞天择、适者生存"的法则来解释？

发生在距今约 2.5 亿年前二叠纪末期的第三次物种大灭绝，是地球史上最大最严重的一次，估计地球上有 96% 的物种灭绝，其中 90% 的海洋生物和 70% 的陆地脊椎动物灭绝。这次大灭绝使得占领海洋近 3 亿年的主要生物从此衰败并消失，让位于新生物种类，生态系统也获得了一次最彻底的更新，为恐龙类等爬行类动物的进化铺平了道路。科学界普遍认为，这一大灭绝是地球历史从古生代向中生代转折的里程碑，它使地球生物演化进程产生了重大的转折。第四次物种大灭绝发生在距今 1.95 亿年前的三叠纪末期，估计有 76% 的物种，其中主要是海洋生物在这次灭绝中消失。但这次事件促进了现代生物群开始粉墨登场。随着气候由干热向温湿转变，植物趋向繁茂，低丘缓坡则分布有和现代相似的常绿树，如松、苏铁等，而盛产于古生代的主要植物群（尤其是裸子植物）几乎全部灭绝。第五次生物大灭绝发生在距今 6 500 万年前白垩纪末期，尤以恐龙时代终结而闻名。第五次生物大灭绝的最大贡献在于，消灭了统治地球长达 14 000 万年之久的霸主恐龙及其同类，并为哺乳动物及人类的最后登场提供了契机。

关于这次灭绝的原因，最通行的说法是源于地外空间行星撞击和火山喷发，在白垩纪末期发生的一次或多次陨星雨造成了全球生态系统的崩溃。撞击使大量的气体和灰尘进入大气层，以至于阳光不能穿透，全球温度急剧下降，这种黑云遮蔽地球长达数年之久，植物不能从阳光中获得能量，海洋中的藻类和成片的森林逐渐死亡，食物链的基础环节被破坏了，大批的动物因饥饿而死，其中就有恐龙。

　　地球不属于人类，而人类属于地球。生物进化过程是多种多样的。生物演化过程中的"灾变"即绝灭事件和"大爆发"都是进化过程中的优胜劣汰的自然选择过程，而不是生物界的毁灭。所谓"绝灭事件"，是指生物演替变化最大的时期，是指某一类或一批生物门类在或长或短的一段时间内逐渐被淘汰或只有少量适应环境变迁的物种保留。绝灭事件的原因很多，有地球外的（宇宙的）原因，也有地球内部的原因。例如众所周知的恐龙绝灭事件，专家们提出的原因假设有数十种之多。我们通常用"突然绝灭"来形容，而实际上这个"突然"是一个经历了大约千万年之久的漫长过程。在生物进化历程中，每次大绝灭事件之后都是生物的复苏和大发展，这是生物界进化的普遍规律。

　　然而，自从人类出现以后，特别是工业革命以后，由于人类只注意到具体生物源的实用价值，对其肆意地开发，而忽视了生物多样性间接和潜在的价值，使地球生命维持系统遭到了人类无情的蚕食。科学家估计，如果没有人类的干扰，在过去的2亿年中，平均大约每100年有90种脊椎动物灭绝，平均每27年有一个高等植物灭绝。在此背景下，人类的干扰，使鸟类和哺乳类动物灭绝的速度提高了100～1 000倍。自公元1600年以来，有记录的高等动物和植物已灭绝724种，而绝大多数物种在人类不知道以前就已经灭绝了。如果我们把人类出现以来的生物灭绝看成一次事件的话，那么与前5次不同的是这次灭绝的生物可能就是人类自身。

　　经粗略测算，400年间，生物生活的环境面积缩小了90%，物种减少了一半，其中由于热带雨林被砍伐对物种损失的影响更为突出。估计1990～2020年间由于砍伐热带森林引起的物种灭绝将使世界上的物种减少5%～15%，即每天减少50～150种。在过去的400年中，全世界共灭绝哺乳动物58种，大约每7年就灭绝一个种，这个速度较正常化记录高7～70倍；在20世纪的100年中，全世界共灭绝哺乳动物23种，大约每4年灭绝一个种，这个速度较正常化记录高13～135倍……以下是一组来自国家环保总局的最新数据，中国被子植物有珍稀濒危种 1 000 种，极危种 28 种，已灭绝或可能灭绝 7 种；裸子植物濒危和受威胁 63 种，极危种 14 种，灭绝 1 种；脊椎动物受威胁 433 种，灭绝和可能灭绝 10 种……

生物多样性受到了有史以来最为严重的威胁，生存问题已从人类的范畴扩展到地球上相互依存的所有物种。许多人都在思考着同样一个问题——我们能留给下一代什么？是尽可能丰富的世界，还是一个生物种类日渐贫乏的地球？不断攀升的数字敲响了警钟，为人类改造世界的美梦蒙上了一层阴影，不少人惊恐地自问：不曾孤独来世的人类，难道注定要孤独地离开？答案也许可以从 150 年前一位印第安酋长的话中找到——"地球不属于人类，而人类属于地球。"

3 资源地球

　　资源，是一个宽泛的概念，如人力资源、生物资源、土地资源、矿产资源等。看到这一章节的题目《资源地球》，读者们肯定会疑惑，这一章到底讲的是什么？据联合国环境规划署对资源的定义，自然资源是指在一定时期、地点条件下能够产生经济价值，以提高人类当前和将来福利的自然因素和条件。从资源的再生性角度可划分为再生资源和非再生资源。再生资源即在人类参与下可以重新产生的资源，非再生资源是可以测量储量、体积、质量的一类资源（如矿产资源）。再生资源和非再生资源的区分是相对的，如石油、煤炭是非再生资源。传统理论认为煤是远古时代的繁盛的植物及其堆积物在地壳变迁中被埋在地下，经过长期高温、高压的复杂炭化过程而形成的。石油和石油气是古代湖泊及海洋中的动物、微生物及其沉积物，被地壳变迁埋于地下经过长期的高温、高压地质作用而形成的。也有新的理论认为：地球早期的电磁场量级较高，地壳内的碳、氢元素及其同位素特别丰富，在电场增能的等离子活动中，化合生成石油气的条件好、机会多，地球上的多数煤田，都是那时候的油气田转化来的；较晚时期形成的油气藏都转化成了原油藏，年代越久，失氢越多，原油越黏稠。它们是古代动植物遗骸在地层中经过物理、化学的长期作用变化的结果，这又说明二者之间可以转化，是物质不灭及能量守恒与转化定律的表现。本章要向读者们介绍的就是非再生资源中的矿产资源，究竟这些矿产资源是如何形成的，形成后又分布在了哪里呢？这些问题的答案将在本章一一揭晓。

3.1 矿产资源——地球馈赠人类的瑰宝

　　什么东西可以称作是矿产呢？矿产资源是指经过地质成矿作用，埋藏于地下或出露于地表,并具有开发利用价值的矿物或有用元素的集合体。它是重要的非可再生资源,是人类社会赖以生存和发展的重要物质基础。目前,世界已知的矿产有 1 600 多种,按其特点和用途可分为金属矿产、非金属矿产、能源矿产和水气矿产。矿产在地壳中的集中产地即是矿床。确切地说,矿床是指地壳中由地质作用形成的,其所含有用矿物资源的质和量,在一定的经济技术条件下能被开采利用的地质体。研究矿产资源在全球的分布,其实就是研究该矿种的矿床产出情况。矿床在全球范围内分布的不均匀性是其基本特征,没有一个国家具有能够满足其经济发展所需的各类矿物原料,并且工业越发达的国家对全球矿产资源的依赖性就越强。这种对全球矿产资源的依赖性促使地质学家去探索全球矿产资源的分布规律,促进世界各国对矿产资源战略研究及矿产品的贸易。

3.1.1 金属矿产资源

金属矿产是指可以提供某种金属元素的矿产资源,根据金属元素的性质和用途将其分为黑色金属矿产(铁、锰、铬、钒、钛等),有色金属矿产(铜、铅、锌、镍、钴、钨、锡、钼、铋、锑等),轻金属矿产(铝、镁等),贵金属矿产(金、银、铂、钯等),放射性金属矿产(铀、钍、镭等),稀有金属矿产(铌、锂、铍、铯、铷等),稀土元素矿产[包括周期系第 3 族(第ⅢB 族)元素中钪、钇及原子序数 57~71 的 15 个元素],分散金属矿产(锗、镓、铟、铊、铼等)。以下是世界 11 种重要金属矿种的全球分布:

(1)金矿

金矿,世界金资源总量估计为 10 万 t,已查明的金矿储量为 5.1 万 t。这些金矿资源主要集中在南非和俄罗斯、美国、加拿大、澳大利亚、中国及西南太平洋岛屿国家。据中国黄金协会提供的最新统计数据,2011 年中国黄金产量达到 360.957t,比上年增加 20.081t,增幅 5.89%,再创历史新高,连续五年居世界第一。黄金产量排名前五位的省份依次为山东、河南、江西、福建、内蒙古。

(2)铁矿

铁矿石储量较多的国家是俄罗斯、中国、乌克兰、澳大利亚、哈萨克斯坦、巴西、美国、瑞典、印度、加拿大、南非和毛里塔尼亚。例如美国苏必利尔、加拿大拉布拉多、乌克兰的克里沃罗格和俄罗斯的库尔斯克、南非德兰士瓦、巴西米纳斯吉拉斯和卡拉贾斯、西澳哈默斯利，以及我国东北的鞍山、华北的迁安、河南与河北交界的安阳和邢台，河南中部的许昌至舞阳地区，还有湖北的大冶，安徽的庐纵地区等的著名巨型铁矿均属此类。

（3）锰矿

世界锰矿资源包括海底和陆地两大部分。海底锰矿富含铁、锰、钴、镍、铜和铂族等金属，其资源量是陆地锰矿的好几倍。陆地锰矿的分布极不均一，90%以上的储量集中在南非、乌克兰、加蓬、哈萨克斯坦和澳大利亚等国。按成因可划分为沉积型（如乌克兰尼科波尔、格鲁吉亚恰图拉、澳大利亚格鲁特岛、中国辽宁瓦房子等）、火山沉积型（如哈萨克斯坦阿塔苏地区等）、沉积变质型（如南非卡拉哈里、印度中央邦和马特拉施特拉邦、巴西塞拉多纳维奥等）、热液型（如中国湖南玛瑙山等）和风化壳型（如中国广西木圭锰矿床等）。

（4）铝土矿

世界铝土矿资源10强的国家依次为：几内亚、巴西、澳大利亚、牙买加、印度、中国、圭亚那、苏里南、委内瑞拉和俄罗斯。铝土矿矿床主要为红土型（如几内亚的桑加雷迪、图盖、达博拉铝土矿矿床，澳大利亚的韦帕、达令、戈夫铝土矿矿床，巴西的特龙贝塔斯、帕拉戈米纳斯铝土矿矿床等），集中分布在赤道附近低纬度的非洲西部、大洋洲、中南美洲等地。它们的铝土矿储量占世界总量的65%以上。另一类铝土矿是沉积型铝土矿（如匈牙利哈里姆巴、沙特阿拉伯宰比拉、哈萨克斯坦阿尔卡雷克和图尔盖铝土矿矿床等），主要分布在南欧和亚洲地区，占世界总储量的15%左右。中国的铝土矿床大多属此类，主要分布在河南、山西等地。

（5）铜矿

铜矿在全球陆地上分布很不均匀，大约80%的铜矿储量集中在南美安第斯山脉、北美科迪勒拉山脉、非洲赞比亚－扎伊尔带、俄罗斯东西伯利亚和哈萨克斯坦，其次是西南太平洋边缘、中国南部、加拿大苏必利尔和阿尔卑斯山脉等。世界最具规模和开发利用价值的为斑岩型铜矿，如智利的丘基卡马塔和埃尔特尼恩特、美国的比尤特和莫伦西、中国的四川玉龙和江西德兴等斑岩铜矿等，占世界总储量的 53.5% 左右。还有砂页岩型，如赞比亚的铜矿带占世界铜总储量的 16%。此外还有火山成因型，如西班牙的里奥廷托、俄罗斯的乌拉尔地区、加拿大的诺兰达、中国的白银厂等。此外，还有铜镍硫化物型（如加拿大萨德伯里、美国的德卢斯、俄罗斯的诺里尔斯克、中国的金川等铜镍硫化物矿床）和矽卡岩型（中国安徽铜官山和湖北铜绿山、印度尼西亚埃茨贝格），以及碎屑－角砾岩型铜铀金矿床（如澳大利亚奥林匹克坝特大型铜铀金矿床）等。

（6）稀土金属

世界稀土储量绝大部分产于中国内蒙古白云鄂博、美国加州的帕斯山、加拿大魁北克怪湖、南非开普敦省斯腾坎普斯克拉尔、俄罗斯可拉半岛希宾、巴西阿腊沙、澳大利亚恩内阿巴砂等地。其中离子吸附型矿床为我国的特产新类型，提取简单，且重稀土元素含量较高。因此，我国的稀土金属资源在全世界上享有盛名。

（7）铅锌矿

铅锌矿在全球分布比较广泛，主要分布在北美洲、欧洲、亚洲、大洋洲和南部非洲，储量最多的是澳大利亚、中国和美国。中国的华南、秦岭及河南外方山地区都是铅锌矿的集中产地。

（8）铬矿

世界铬铁矿的分布极不均匀，其储量的 97% 以上分布在南非、俄罗斯、津巴布韦、芬兰、菲律宾、阿尔巴尼亚和土耳其等国家。其中南非占 78%。中国铬铁矿储量仅为世界总储量的 0.1%，是个缺铬的国家，所以铬铁矿被列为中国的急缺矿产之一。

（9）镍矿

世界镍资源的前"五强"依次为澳大利亚、加拿大、俄罗斯、古巴和新喀里多尼亚。中国的镍储量名列第六，矿床类型以岩浆型铜镍硫化物矿床占绝对优势，主要产出地在甘肃金川、新疆喀拉通克、吉林红旗岭、四川力马河、云南白马寨等。近期，在河南南部南阳盆地发现一处特大型铜镍多金属矿床，探获镍金属量 32.4 万 t，铜 11.9 万 t，伴生金 12.87t，银 588t，铂 14.61t，钯 11.45t，钌 6.59t，锇 1.74t，铑 1.616t，铱 1.77t，硒 0.022t，碲 0.014t，钴 1.06 万 t，硫

60.63 万 t，三氧化二铬 46.53 万 t。

（10）钨矿

世界钨资源分布很不均匀，环太平洋成矿带囊括了世界钨矿资源总量的 70% 以上，其他钨矿则分布在地中海成矿带以及美国阿巴拉契亚、澳大利亚东南部、伊比利亚半岛西部、俄罗斯乌拉尔等地。亚洲东南部的储量最为丰富，中国钨矿储量居世界首位，占世界总量的 50% 以上。如中国湘南新田岭和瑶岗仙白钨矿床、江西的西华山和漂塘钨矿床、广东莲花山钨矿床等。近年来，河南栾川钼矿解决了低品位白钨矿的综合回收问题，使河南成为世界重要、全国第三的钨产地。

（11）钼矿

根据美国地质调查局与中国国土资源部的数据统计，美国、中国、智利、加拿大和俄罗斯等五个国家占世界钼矿储量的 88.11%。我国钼矿分布就大区来看，河南储量最多，占全国钼矿总储量的 29.9%，其次陕西占 13.6%，吉林占 13%。另外储量较多的省（区）还有山东、河北、江西、辽宁、内蒙古。中国是目前全球第一大生产钼国，河南钼精粉产量一直占全国的半数以上。

3.1.2　石油、天然气矿产资源

石油又称原油，是一种黏稠的液体，颜色非常丰富，有红、金黄、墨绿、黑、褐红，有些还是透明的。原油本身胶质、沥青质的含量越高颜色越深。我国四川黄瓜山和华北大港油田有的井产无色石油，克拉玛依石油呈褐至黑色，大庆、胜利、玉门石油均为黑色。美国加利福尼亚、苏联巴库、罗马尼亚和印度尼西亚的苏门答腊产出的无色石油，可能同运移过程中带色的胶质和沥青质被岩石吸附有关。但是，不同程度的深色石油占绝大多数，几乎遍布于世界各大含油气盆地。

石油是古代海洋或湖泊中的生物经过漫长的演化形成，属于化石燃料。主要被用作燃油和汽油，燃料油和汽油组成目前世界上最重要的一次能源。石油也是许多化学工业产品如溶剂、化肥、杀虫剂和塑料等的原料。现今开采的石油 88% 被用作燃料，其他的 12% 作为化工业的原料。由于石油是一种不可再生原

料，许多人担心石油用尽会对人类带来严重后果。

最早出现"石油"一词的是在公元 977 年中国北宋编著的《太平广记》，是根据中国北宋杰出的科学家沈括在所著《梦溪笔谈》中对这种油的描述"生于水际沙石，与泉水相杂，惘惘而出"而命名的。在石油一词出现之前，国外称石油为"黑金""魔鬼的汗珠""发光的水"等，中国称"石脂水""猛火油""石漆"等。

最早钻井采油的也是中国人，最早的油井是 4 世纪或者更早出现的。到 10 世纪时，中国人使用固定在竹竿一端的钻头钻井，其深度可达约 1 000m。他们使用竹竿做的管道来连接油井和盐井，用燃烧石油来蒸发盐从而卤制食盐。而古代波斯的石板记录似乎说明波斯上层社会使用石油作为药物和照明。8 世纪新建的巴格达的街道上铺有从当地附近的自然露天油矿获得的沥青。9 世纪阿塞拜疆巴库的油田用来生产轻石油。10 世纪地理学家阿布·哈桑·阿里·麦斯欧迪和 13 世纪马可·波罗曾描述过巴库的油田。

原油的分布从总体上来看极端不平衡。波斯湾及墨西哥湾两大油区和北非油田均处于北纬 20°~40° 内，该带集中了 51.3% 的世界石油储量；50°~70° 纬度带内有著名的北海油田、俄罗斯伏尔加及西伯利亚油田和阿拉斯加湾油区。约 80% 可以开采的石油储藏位于中东，其中 62.5% 位于沙特阿拉伯、阿拉伯联合酋长国、伊拉克、卡塔尔和科威特。

中东海湾地区地处欧、亚、非三洲的枢纽位置，原油资源非常丰富，被誉为"世界油库"。据美国《油气杂志》2006 年最新的数据显示，世界原油探明储量为 1 804.9 亿 t。其中，中东地区的原油探明储量为 1 012.7 亿 t，约占世界总储量的 2/3。在世界原油储量排名的前十位中，中东国家占了五位，依次是沙特阿拉伯、伊朗、伊拉克、科威特和阿联酋。其中，沙特阿拉伯已探明的储量为 355.9 亿 t，居世界首位。伊拉克已探明的石油储量从先前的 115.0 亿 t 升至 143.1 亿 t，跃居全球第二。伊朗已探明的原油储量为 186.7 亿 t，居世界第三位。

欧洲及欧亚大陆原油探明储量为 157.1 亿 t，约占世界总储量的 8%。其中，俄罗斯原油探明储量为 82.2 亿 t，居世界第八位，但俄罗斯是世界第一大产油国，2006 年的石油产量为 4.7 亿 t。中亚的哈萨克斯坦也是该地区原油储量较为丰富的国家，已探明的储量为 41.1 亿 t。挪威、英国、丹麦是西欧已探明原油储量最丰富的三个国家，分别为 10.7 亿 t、5.3 亿 t 和 1.7 亿 t，其中挪威是世界第十大产油国。

非洲是近几年原油储量和石油产量增长最快的地区，被誉为"第二个海湾地区"。据专家预测，到 2010 年，非洲国家石油产量在世界石油总产量中的比例有望上升到 20%。北美洲原油储量最丰富的国家是加拿大、美国和墨西哥。加拿大原油探明储量为 245.5 亿 t。美国原油探明储量为 29.8 亿 t，是世界第二大产油国。墨西哥原油探明储量为 16.9 亿 t，是西半球第三大传统原油战略储备国，也是世界第六大产油国。中南美洲也是世界原油储量和石油产量增长较快的地区之一，委内瑞拉原油探明储量居世界第七位。巴西东南部海域坎坡斯和桑托斯盆地的原油资源极为丰富，厄瓜多尔是中南美洲第三大产油国，境内石油资源集中在东部亚马孙盆地。

亚太地区也是目前世界石油产量增长较快的地区之一。中国、印度、印度尼西亚和马来西亚是该地区原油探明储量最丰富的国家。印度尼西亚和马来西亚是该地区最重要的产油国，越南也于 2006 年取代文莱成为东南亚第三大石油生产国和出口国。印度尼西亚的苏门答腊岛、加里曼丹岛，马来西亚近海的马来盆地、沙捞越盆地和沙巴盆地是主要的原油分布区。

我国最早记述石油与石油开采的记载也来自于沈括的《梦溪笔谈》。1080年，沈括出任陕西延安府太守，在西北前线对抗强敌西夏的入侵，仍不忘考察民间开采石油的过程。他是这样认为的：在鄜州、延州境内有一种石油，就是过去说的高奴县脂水，脂水就是石油。他还写过一首《延州诗》，描述了延州开采石油形成烟尘滚滚的盛景，他笔下的延州石油如今已形成我国著名的长庆油田，勘探区域主要在陕甘宁盆地，勘探总面积约 37 万 km^2，先后找到了油气田 22 个，累计探明油气地质储量 54 188.8 万 t（含天然气探明储量 2 330.08 亿 m^3），目前石油年产量达到了 2 000 万 t，约占全国的 1/10，又是我国主要的天然气产区，为北京天然气的主要输送基地。

我国最早投入工业开发的是位于甘肃境内玉门油田，总面积 114.37km^2。油田于 1939 年投产，1959 生产原油曾达到 140.29 万 t，占当年全国原油产量的

50.9%。创造了 70 年代 60 万 t 稳产 10 年和 80 年代 50 万 t 稳产 10 年的优异成绩，被誉为中国石油工业的摇篮。

我国最大的整装油田是大庆油田，位于黑龙江省西部，松嫩平原中部，地处哈尔滨、齐齐哈尔市之间。油田总面积 5 470km^2。1960 年 3 月开展石油会战，1963 年形成了 600 万 t 的生产能力，对实现中国石油自给自足起到了决定性作用，目前原油产量仍然保持在 4 000 万 t 以上。

此外，还有地处山东北部渤海之滨的黄河三角洲地带的胜利油田，分布在辽河中上游平原以及内蒙古东部和辽东湾滩海地区的辽河油田，地处新疆准噶尔盆地和塔里木盆地克拉玛依油田，位于河北省中部冀中平原的任丘市（包括京、冀、晋、蒙区域）的华北油田，位于天津市大港区的大港油田，地处河南濮阳－山东东明地区的中原油田，地处豫西南的南阳盆地，矿区横跨南阳、驻马店、平顶山、禹州三地市，分布在新野、唐河、禹州等 8 县的河南油田，地处四川盆地的四川油气田年生产天然气产量占全国总量近一半，地处吉林省扶余地区的吉林油田，地处我国中南地区的江汉油田、江苏油田等。

近年来，我国在西部地区石油、天然气勘查取得重大进展，先后在青海省西北部柴达木盆地具有油气远景的 9.6 万 km^2 内探明油田 16 个，气田 6 个。新疆南部的塔里木盆地号称"死亡之海"的塔克拉玛干大沙漠探明 9 个大中型油气田、26 个含油气构造，累计探明油气地质储量 3.78 亿 t，具备年产 500 万 t 原油、100 万 t 凝析、25 亿 m^3 天然气的资源保证。在新疆吐鲁番、哈密盆地境内展开吐哈石油勘探开发会战，共发现鄯善、温吉桑等 14 个油气油田和 6 个含油气构造，探明含油气面积 178.1km^2，累计探明石油地质储量 2.08 亿 t、天然气储量 731 亿 m^3。

3.1.3 煤炭资源

煤炭作为能源矿产资源之一，在世界一次能源消费量中占 25%。据第十一届世界能源会议估计，世界煤炭预测储量为 13.6 万亿 t，探明可采储量为 9 842.11 亿 t。主要集中在美国、俄罗斯、中国、澳大利亚、印度、德国、南非、乌克兰、哈萨克斯坦、波兰、巴西等国。有资料显示，我国煤炭资源量可达 3 万亿 t，已探明可采储量应在 2 000 亿 t 以上。

中国煤炭资源虽丰富，但煤炭资源的人均占有量低于世界人均 312.7t 水平，而且煤炭资源的分布与消费区分布极不协调。如华东地区的煤炭资源储量的 87% 集中在安徽、山东，而工业主要在以上海为中心的长江三角洲地区。中南地区煤炭资源的 72% 集中在河南，而工业主要在武汉和珠江三角洲地区。西南煤炭资源的 67% 集中在贵州，而工业主要在四川。东北地区也有 52% 的煤炭资源集中在北部黑龙江，而工业集中在辽宁。

中国炼焦煤在地区上分布不平衡，四种主要炼焦煤种中，瘦煤、焦煤、肥煤有一半左右集中在山西，而拥有大型钢铁企业的华东、中南、东北地区，炼焦煤很少。东北地区的钢铁工业在辽宁，炼焦煤大多在黑龙江。西南地区的钢铁工业在四川，而炼焦煤主要集中在贵州。

我国适于开采效率高、投资小的露天煤矿储量少，仅占总储量的 7% 左右，其中 70% 是褐煤，主要分布在内蒙古、新疆和云南。据国际能源机构预计，在未来 20 年，随着对煤炭的洁净技术的研究与开发，全球煤炭需求量将提高 3.7%。近年来，我国加大了危机矿山外围和深部地质找矿力度，内蒙古、新疆、河南等煤炭主产区接替资源勘查取得重大进展，煤炭资源紧张的局面在很大程度上得到了缓解。

3.1.4 非金属矿产资源

非金属矿产指工业上不作为提取金属元素来利用的有用矿产资源，国外称之为"工业矿物与岩石"。除少数非金属矿产是用来提取某种非金属元素，如磷、硫、钾等，其他大多数非金属矿产是利用其矿物或矿物集合体（包括岩石）的某些物理、化学性质和工艺特性等。非金属矿产在国民经济中占有十分重要的地位，其开发应用水平已成为衡量一个国家科技、经济水平的重要综合标志之一。多年来，世界非金属矿产品的产值每 10 年增长 50% ~ 60%，大大超过了金属矿产的增长速度。有的学者甚至预言，人类社会进入了第二个"石器"时代。

目前，自然界已发现的非金属矿种类达 1 500 多种，已被开发的仅 200 多种。按其工业用途主要分为：冶金辅助原料矿产（萤石、菱镁矿、耐火黏土、白云岩和石灰岩等），化学工业原料矿产（磷灰石、磷块岩、黄铁矿、钾盐、岩盐、石灰岩等），工业制造业原料矿产（石墨、金刚石、云母、石棉、重晶石、刚玉等），压电及光学原料矿产（压电石英、光学石英、冰洲石和萤石等），陶瓷及玻璃工业原料矿产（长石、石英砂、高岭土和黏土等），建筑及水泥原料矿产（砂岩、砾岩、浮石、石灰岩、石膏、高铝黏土、珍珠岩和松脂岩等），宝石及工艺美术材料矿产（硬玉、软玉、玛瑙、水晶、绿松石、电气石和绿柱石等）。此外，还有铸石材料（如辉绿岩），研磨材料（如石榴石、金刚石、刚玉等）以及新技术特殊需要的矿物原料（如蓝石棉、钛磁铁矿、金红石等）。

世界非金属矿产资源丰富，高岭土、菱镁矿、石膏等大宗非金属矿产储量都在百亿吨以上。我国是世界上非金属矿资源总量丰富、矿种齐全的国家之一。据统计，我国已经发现的非金属矿种有 126 种，已探明储量的非金属矿产有 88 种。其中，石墨、石膏、膨润土、石灰石、菱镁矿、重晶石、芒硝等矿种的储量居世界首位；滑石、石棉、萤石、硅灰石的储量居世界第二位；磷、硫、高岭土、珍珠岩、天然碱、耐火黏土的储量居世界第三位；大理石、花岗石及沙石等矿产也名列前茅。

（1）高岭土

高岭土是烧制瓷器的主要原料，我国是世界上高岭土资源丰富的国家之一，瓷器起源于我国绝非偶然。据国土资源部资料，全国 21 个省高岭土矿产地 130 处。此外，高岭土分布在我国东北、西北的煤系中，以煤层中夹矸、顶底板或单独矿层形式存在。目前世界上有 60 多个国家和地区拥有高岭土资源，但大多只适合于制造陶瓷或填料，真正适合用于纸和纸板涂布颜料的天然单片状高岭土资源并不多见。有资料表明，全世界目前造纸涂料用高岭土资源十分紧张，原最著名的英国 ECC 公司在英国本土康沃尔郡已基本无矿可采。

（2）膨润土

膨润土具良好的吸水膨胀性、黏结性、吸附性、催化活性、触变性、可塑性、润滑性和阳离子交换性等性能，广泛地用于冶金、机电、化工、石油、纺织、食品、水利、交通、医药和造纸等领域。近年来，国外对膨润土的其他应用进行了研究，例如经表面处理后的膨润土可以治理污水等，膨润土在环保行业的应用逐步得到扩大。全球膨润土资源丰富，但分布不均衡，主要分布在环太平洋带、环印度洋带和地中海－黑海带，主要资源国有中国、美国、苏联、德国、意大利、日本及希腊等。中国膨润土资源量位居世界前列，探明储量多，产量大，发展前景广阔。位于河南省的信阳市上天梯非金属矿，富含丰富的珍珠岩、膨润土、沸石、含碱玻璃原料等矿产资源，已探明储量为 8.67 亿 t，其中珍珠岩 1.27 亿 t，膨润土 6.3 亿 t，沸石 6 000 万 t，含碱玻璃原料 5 000 万 t。其储量、品位、易开采条件均居亚洲第一。

（3）磷矿

磷矿是指在经济上能被利用的磷酸盐类矿物的总称，用它可以制取磷肥、黄磷、磷酸、磷化物及其他磷酸盐类。磷矿在工业上的应用已有一百多年的历史，主要用于医药、食品、火柴、染料、制糖、陶瓷、国防等工业部门。在世界范围内，磷矿主要分布在中国、摩洛哥、美国、南非、约旦和俄罗斯等国。其中，美国磷矿产量约占全球磷矿产量的 1/5，中国产量占全球磷矿产量的 1/6。全国主要磷矿石产地有云南晋宁（原云南昆阳）、湖北襄阳和贵州开阳，尤以云南晋宁（昆阳）资源最为丰富，与美国的佛罗里达、苏联的柯拉、非洲的摩洛哥并称为"世界四大磷矿"。

（4）钾

钾是农作物生长发育的基础元素，钾盐是生产钾肥的基本原料。世界钾盐资源分布极不平衡，在具有工业意义的钾盐矿床分布的国家中，加拿大、俄罗斯、白俄罗斯和德国合计储量和储量基础分别占世界总量的 92% 和 81%。中国的钾盐则相对较贫乏，钾盐产量明显偏低，2003 年产量仅有 50 万 t，占世界钾盐产量不到 2%。近年来，我国在罗布泊地区已查明钙芒硝储钾潜卤水承压卤水钾矿床为一种新类型钾盐矿。此外，深层碎屑岩储钾卤水钾矿层及光卤石－泻利盐沉积和杂卤石沉积交代型固体钾盐矿均是有待进一步查证的稀有类型钾矿。罗布泊钾盐矿床的开发利用，有利于缓解我国钾盐紧缺的局面。

（5）食盐

食盐是人类生活的必需品，也是重要的化工原料。我国盐矿资源有 150 处，保有储量 4 075 亿 t，芒硝矿资源有 100 余处，保有储量 105 亿 t，居世界首位。

主要分布在青海省（察尔汗等）、新疆维吾尔自治区（七角井等）、湖北省（应城等）、江西省（樟树等）、江苏省（淮安）、山西省（运城）、内蒙古自治区（吉兰泰）等地区。近年来，在河南省的叶县－舞阳地区、濮阳地区和桐柏地区天然盐碱矿有重大突破，尤其是桐柏县的曹庄探获岩盐 7 000 万 t，芒硝 9 000 万 t，成为亚洲最大的产盐矿山。

（6）宝玉石

宝玉石是用来点缀人们生活的一种颜色艳丽的矿物或岩石。西方国家多钟情于钻石（金刚石）、红宝石（含铬元素的刚玉组）、绿宝石（含铍元素的绿柱石、祖母绿）、蓝宝石（含钛铁元素的刚玉组）等，并以宝石作为身份、地位的象征。中国人则喜爱玉，并将玉赋予人格、道德的寓意。

（7）和田玉

和田玉由角闪石族阳起石构成，是中国古玉的主要来源。主产于新疆、青海、俄罗斯、韩国，其中以新疆和田地区最为有名。依产出环境可分为：山料（原生矿脉）、仔料（砂矿）和山前料（残坡积矿）。依色彩分为：白玉、黄玉、碧玉、墨玉、青玉、糖玉等，上等白玉纯洁无瑕细腻，称为羊脂玉。其他颜色纯正无瑕疵者也因难得而名贵。

（8）岫岩玉

岫岩玉为蛇纹石玉，以产于辽宁省岫岩县而得名。主要成分是豆绿色纤维蛇纹石，其性软而硬度较低。呈色多为淡绿、淡黄、果绿等，整体为半透明或不透明体，表面有脂肪般的光泽。是我国分布利用较早的玉材，因其产量大而成为现今数量最多的玉材。此外，蛇纹石族的玉石品种还有甘肃酒泉附近山中的酒泉玉，半透明绿色带有黑斑。著名的"夜光杯"即用酒泉玉所制，多数属绿色系。

（9）南阳玉

南阳玉又称独山玉，是一种成分复杂多种矿物的玉石，质硬细腻，主要成分为斜长石，以及黝帘石、绿帘石、闪角石、透辉石等，以绿、紫、白三色为基础，常呈多种颜色，玉工依其天然色雕琢不同的物品，适用于"俏色"工艺。南阳玉有着悠久的开采和使用历史。

（10）绿松石

绿松石古有"荆州石"或"襄阳甸子"之称。绿松石为碱性磷酸铜的隐晶质块体，或结核体，呈深浅不同的蓝、绿等颜色，常含有铁线，硬度为 5 ~ 6，蜡状光泽。湖北产优质绿松石，中外著名。世界产绿松石的以波斯为最著名，因通过土耳其流入欧洲各国，又有"土耳其玉"或"突厥玉"之称。

（11）翡翠

翡翠，自清朝以来就开始被国人所钟爱，也称翡翠玉、翠玉、硬玉、缅甸玉。翡翠颜色复杂多样，其中翠绿色称之翠，红色称之翡，主要组成矿物为硬玉、透辉石、绿辉石和钠铬辉石，为多晶集合体，主产于缅甸北部的乌尤河流域，目前宝石级翡翠 95% 来源于此，因此，长期以来人们只知道缅甸出产翡翠，故将缅甸玉作为翡翠的代名词。

3.2　成矿作用——地壳运动的随机事件

作为矿产资源的基本形式，矿床是地球内部有用元素富集的特殊地段或部位，其形成的基本条件是矿源场、中介场和储矿场三者的有机结合。要了解矿产是如何形成的这个问题，必须要明确矿从何处来？成矿物质在什么地方富集？成矿作用的驱动力是什么？目前，地学界根据矿床的产出形态，将其划分出内生矿床、外生矿床和变质矿床等三大类型。究其生成的主要因素，是大地构造运动引发岩石圈，尤其是软流圈热动力显著变化所导致的地球物质的重新分配和组合。这种运动引起地球上部层圈的物质输运、能量交换和动量传递，推动着岩石圈内动力地质作用和表生地质作用的发生及演化。即沉积作用、变质作用、岩浆和流体活动，并在特定的时空域中成矿物质随机发生沉淀和富集。

3.2.1　地幔对流、板块运动与成矿作用

20 世纪 70 年代以来，世界上地学界最主要成就之一，就是板块构造学说及其对成矿控制的理论。将板块构造学说成功地运用在斑岩铜矿等内生矿产的预测方面做出突出贡献的包括 Wilson、Le Pichon、上田诚也、都城秋穗等人。板块构

造的基本观点是认为地球的壳幔可以分为性质不同的三层，即刚性的岩石圈、上地幔和软流圈。其中岩石圈是由板块拼合而成，板块构造对成矿的贡献是通过对岩浆活动、沉积作用和变质作用的控制，板块与成矿关系最主要的是大陆板块边缘成矿理论，它包括增长和消亡两类性质的板块边缘成矿，其中俯冲带控矿（图3－1）和与其有关的块状硫化物矿床和斑岩型矿床最为典型。

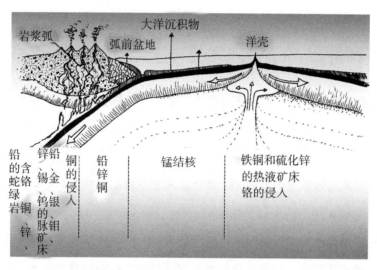

图3－1　板块构造与成矿作用图解

俯冲带是俯冲板块的俯冲部分，分为 B 型俯冲带和 A 型俯冲带两类，B 型俯冲作用是指大洋岩石圈板块俯冲于大陆岩石圈或另一大洋岩石圈板块之下的俯冲消减作用；A 型俯冲作用是指一个大陆岩石圈对另一个大陆岩石圈的俯冲作用。俯冲带控矿是指消亡（消减）板块边缘（毕鸟夫带）对成矿的控制。当洋壳板块从中脊分开后，一般是大洋板块向大陆板块俯冲消亡，在俯冲带形成复杂的构造运动和岩浆活动，并伴随多种内生与外生成矿作用，并沿消缩（消亡）板块边缘形成各种矿带。大洋板块向大陆板块之下俯冲有两种情况：一是直接俯冲到陆壳之下，沿着接触线生成一条深海沟，如南美安底斯山属之，其成矿主要与钙－碱系列岩浆活动有关，并以与深成岩浆作用有关的矿床最重要。其总的分带特点为平行海岸线，从西向东依次发育为 Fe、Cu（含 Au）—Pb、Zn（含 Ag）—Sn（含一定距离）三大矿带，但从北美洲到南美洲均有不同的变化。另一种是大洋板块与大陆板块相距一定距离俯冲，当它向下俯冲时形成岛弧链。岛弧型板块俯冲带成矿特点主要表现为与火山活动相联系的各种块状硫化物矿床。其中以日本黑矿最为典型。

此外，还有一种情况是两个陆壳互相碰撞，形成地缝合线型板块边缘，这是A型俯冲。与地缝合线有关的典型矿床，是超基性岩中的铬铁矿矿床，它们大都集中分布于阿尔卑斯造山带，如我国西藏雅鲁藏布江河谷带即为欧亚与印度两板块的缝合线。除与超基性岩有关的铬铁矿外，与中酸性岩有关的斑岩型矿化和各种热液矿化在地缝合成型板块边缘也都有一定程度的发育。

3.2.2 从物质分配的有序到无序——成矿过程

成矿作用是指在地球的演化过程中，使均匀分散在地壳和上地幔中的化学元素，在一定的地质环境中富集、迁移而形成矿床的过程。按成矿地质环境（成矿地质背景）、能量来源和作用性质划分为内生成矿作用、外生成矿作用和变质成矿作用，并相应地分出内生矿床、外生矿床和变质矿床三大矿床成因类型。

（1）岩浆矿床与内生成矿作用

岩浆是起源于地壳深部或上地幔的富含 CO_2、H_2O 等挥发成分的黏稠高、温度高压硅酸盐熔融体。岩浆在向地壳上部运动的过程中，发生各种分异作用和结晶作用，而使分散在岩浆中的成矿物质聚集成矿的作用，称为岩浆成矿作用。这种作用形成的矿床叫岩浆矿床。岩浆矿床的成矿方式主要有以下三种：①结晶分异作用，是指岩浆在冷凝过程中各组分按照一定的顺序结晶析出，并导致液相成分改变的物理化学作用。在岩浆流动过程中，富含重金属元素的矿物熔点高，先结晶，重力作用使这些质量大的矿物（铬铁矿、铂族金属矿物及钒钛磁铁矿等）下沉，在岩浆通道的边部或接近岩浆房的地方形成重矿物富集带，当含量达到了工业要求即成为矿石（图3-2）。②熔离分异作用，是指在较高温度下呈均匀状态的熔融体在温度和压力下降时分离成两种或多种不混熔的熔融体的作用。由熔离作用形成的最有工业价值的是块状铜镍硫化物矿床，其中常含有铂族元素。③岩浆爆发作用，是指那些经过结晶分异作用或熔离作用的岩浆运移到地面或地表浅部时，由于外压力的下降而产生强大的爆破力，形成在隐爆岩或火山爆发。由岩浆爆发作用形成的矿石主要是金刚石矿石、含矿岩石为金伯利岩。历史上最有名的金刚石生产国是南非，澳大利亚是生产金刚石的后起之秀，已跃居为世界最大的金刚石生产国。

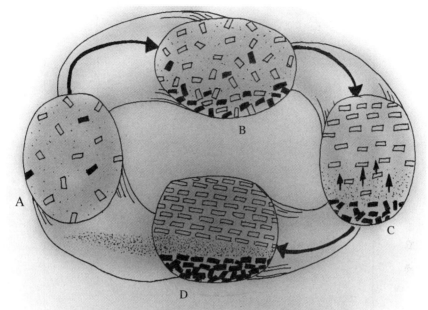

A.岩浆开始结晶
B.早结晶的镁铁质矿物和金属矿物（黑色向下沉，随后结晶的硅酸盐矿物（白色）位于上部
C.不同密度的矿物按重力关系占据各自的位置，含矿残浆向下集中
D.底部形成矿体，含矿残浆（点状图案）受动力作用而形成贯入矿体

图 3-2　结晶分异作用示意图

岩浆矿床在国民经济建设中具有重要地位，产有铬、镍、钴、铂族元素、钒、钛、铁、铜、铌、钽和稀土元素等金属矿产，还有金刚石、磷灰石和建筑材料等非金属原料。在这些矿产中，原生的铬铁矿和金刚石等只产在岩浆矿床中，铜镍硫化物矿床、钛铁矿矿床和铂族元素矿床等主要产在岩浆矿床中。热液型矿床，是岩浆成矿作用的主要类型，尤其是在岩浆活动进入冷凝期，残余的气化热液是成矿的重要营力。成矿物质被萃取、携带、搬运到一定的地质环境中（如断裂、裂隙、褶皱虚脱部位、岩体接触带、地层不整合面等），通过充填和交代等方式将矿质沉淀下来，形成矿床。如江西德兴式斑岩型铜矿，由于板块俯冲引起地幔物质上涌和下地壳物质的部分熔融，产生花岗岩浆侵位于地壳浅部环境（图3-3）。岩浆热液将铜钼等元素带进花岗闪长斑岩体内外接触带，生成富家坞、铜厂和朱砂红三个矿床。

岩浆热液还可以形成矿物颗粒结晶粗大的地质体，叫伟晶岩。伟晶岩是某些

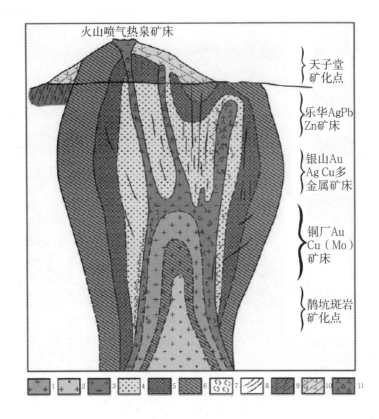

图 3-3　德兴式斑岩铜矿床模型图

1. 花岗闪长岩；2. 花岗闪长斑岩；3. 英安斑岩；4. 石英 - 绢云母化带

5. 绢云母 - 绿泥石化带；6. 绿泥石 - 碳酸盐化带；7. 细脉浸染状铜矿

8. 脉状铅锌矿；9. 浅变质岩；10. 上侏罗统火山岩；11. 隐爆角砾岩

稀有元素和稀土元素矿产的重要来源，当伟晶岩中的长石、石英和云母和绿柱石、黄玉、电气石、水晶、锂辉石等许多宝石类矿物有用组分富集并达到工业要求时即成为矿床（图 3-4）。

电气石　　　　　紫水晶　　　　　绿柱石

图 3-4　产于伟晶岩中的宝石

（2）沉积矿床与外生成矿作用

外生成矿作用发生在地壳表层，在岩石圈上部、水圈、气圈和生物圈的相互作用过程中，通过自然状态下的风化、剥蚀、搬运和再沉积，使成矿物质富集而生成如煤炭、铝土矿、水泥灰岩等层状分布的矿床。外生成矿的成矿物质主要来源于地表的矿物、岩石和矿床、生物有机体、火山喷发物，部分可来自星际物质（陨石）。另外，在火山和温泉活动区，有大量地球内部热能及地震营力参加作用，因而具有较常温更高的成矿温度和较复杂的构造活动。外生矿床在矿体形态上呈面状、线状或与基岩呈接触状分布，大多数矿床分布在地表或近地表，适合在地表开采（图3-5）。外生矿形成的矿种丰富，而且产量大，如煤、石油、天然气能源矿产，无机非金属矿产，水泥、玻璃、陶瓷建材矿产，石灰石、砂砾石、纯碱、石膏等化工原料矿产，以及铁、锰、锌、钴、钒等黑色金属，铝、铜、锌、钼、金、银等有色金属及贵金属，稀有金属、稀土金属矿产也占有很大比重。

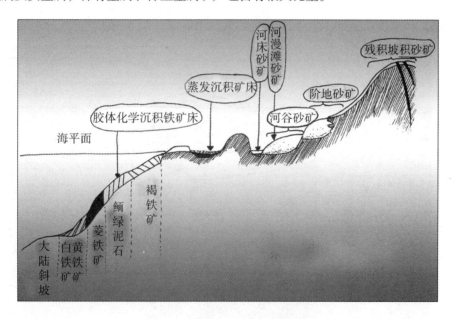

图3-5 外生矿床综合示意图

风化成矿作用，是指地壳最表层的岩石和矿石在大气、水、生物等营力的影响下，发生物理的、化学的和生物化学的变化作用。这种变化使有用物质组分进一步富集，形成具有经济价值的风化型矿床。如我国的古风化壳型铝矾土矿矿床（Ⅰ型）和红土型铝矾土矿矿床（Ⅱ型）铝土矿就是一个典型的例证。其中，修文式又称碳酸盐岩古风化壳异地堆积亚型铝土矿矿床，其成因与碳酸盐岩喀斯特红土化古风化壳有关，铝土矿是已接近干枯的湖泊附近的红土化风化壳异地迁移来堆积成的。新安式又称碳酸盐岩古风化壳原地堆积亚型铝土矿床，以河南新安张窑院铝土矿床较为典型。遵义式又称铝硅酸盐古风化壳原地堆积亚型铝土矿床，铝土矿与下伏基岩之间有连续过渡现象。漳浦式红土型铝土矿床，是第三纪到第四纪玄武岩经过近代（第四纪）风化作用形成的铝

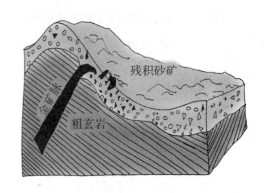

图 3 – 6　残积砂矿床

土矿床，在我国储量很少，在国外比较常见。如几内亚博凯 Keveoul 红土型铝土矿，矿区面积 $558km^2$，资源储量巨大。在风化壳的上部，铁–铝有着明显的分离过程，母岩通过地球化学元素迁移形成铝土矿床（图 3–6）。

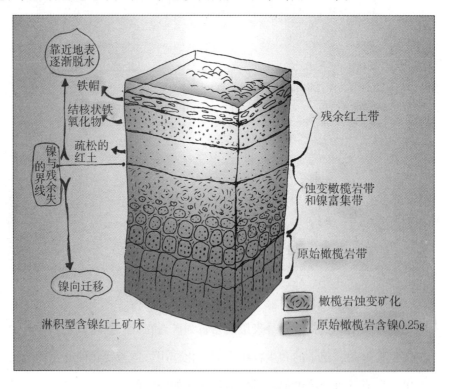

图 3 – 7　淋积型含镍红土矿床

　　沉积成矿作用是地表的岩石或矿床在风化作用下被破碎和分解后的产物、火山喷发物以及其他宇宙物质被水、风、冰川、生物等介质搬运到有利于沉积的地质环境中，经过沉积分异作用沉积形成的，质和量都能满足工业要求的有用矿物的堆积体为沉积矿床。形成这类矿床的地质作用称为沉积成矿作用。根据沉积矿床成矿物质的物理和化学的特点、成矿物质来源和成矿作用的地质特征，将沉积矿床划分为，机械沉积矿床（砂矿床）、蒸发沉积矿床（盐类矿床）、胶体化学沉积矿床和生物－化学沉积矿床。

　　沉积矿床的矿体规模一般较大，矿层沿走向展布长可达数千千米，面积达几万至几十万平方千米，厚度在数米至数十米不等，最厚可达数百米。沉积矿床的物质组成也较复杂。如在氧化环境下形成有氧化物、含水氧化物、含氧盐类、卤化物、自然元素等，在还原和生物作用下形成硫化物，由生物遗体或其分解产物沉积而成的则有磷灰岩、硅藻土以及生物灰岩等。

　　地处祁连山北麓、甘肃省肃南县境内的天鹿铜矿床，位于华北板块与柴达木板块结合带，奥陶纪弧后盆地扩张脊北侧。矿体赋存于浅海沉积环境生成的泥钙铁质粉砂岩、板岩中，粉砂岩型铜矿石是矿床主要的矿石类型，矿石矿物为铜蓝矿石和黄铁矿－黄铜矿矿石，较均匀地分散于矿石中。说明天鹿铜矿床的成矿物质来源于早期形成的矿体，通过自然状态下的风化、剥蚀、搬运，在残留海盆中再沉积而生成（图3-8）。

　　由内生作用或外生作用形成的岩石和矿石，由于地质环境的改变，温度、压力的增高，原有的矿物成分、化学成分、物理性质及结构构造等都要发生变化；同时在变化过程中原岩的物质成分发生强烈改造或者活化迁移，并在新的条件下富集；由该种成矿作用所形成的矿床称为变质矿床。变质矿床的特征可归纳为矿物成分和化学成分、矿石的结构构造、矿体形状和产状等发生的变化。

　　脱水作用，原来岩石或矿石中经常含有较多的水分，变质过程中由于温度和压力的升高，就会使它们变成少含水或不含水的矿物。

$$Fe_2O_3 \cdot nH_2O（褐铁矿）\longrightarrow Fe_2O_3（赤铁矿）$$

　　重结晶作用是在高温高压下，非晶质或隐晶质、胶体矿物重结晶为晶体矿物。

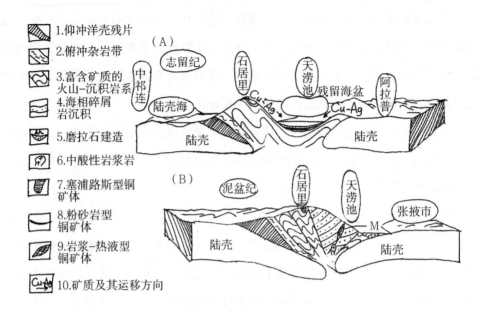

图例：

1. 仰冲洋壳残片
2. 俯冲杂岩带
3. 富含矿质的火山-沉积岩系
4. 海相碎屑岩沉积
5. 磨拉石建造
6. 中酸性岩浆岩
7. 塞浦路斯型铜矿体
8. 粉砂岩型铜矿体
9. 岩浆-热液型铜矿体
10. 矿质及其运移方向

图3-8 天鹿铜矿床成矿模型图

$$Al_2O_3 \cdot H_2O \text{（一水铝石）} \longrightarrow Al_2O_3 \text{（结晶）} \rightarrow Al_2O_3 \text{（刚玉）}$$

$$SiO_2 \cdot nH_2O \text{（蛋白石）} \longrightarrow SiO_2 \text{（石髓）} \rightarrow SiO_2 \text{（石英）}$$

还原作用，在高温缺氧条件下，矿物中一些易于还原的变价元素，常由高价转变为低价，而使一种矿物变为另一种矿物。

$$Fe_2O_3 \text{（赤铁矿）} \longrightarrow Fe_3O_4 \text{（磁铁矿）}$$

另外，由于温度、压力或其他物理化学条件发生变化，使得原来稳定的矿物组合，被新的条件下稳定的矿物组合所代替。变质过程中产生变质热液流体对原岩进行改造，矿质元素可通过溶液迁移和富集。

变质矿床在国民经济中占有很重要的地位。它具有矿种多、分布广和储量大的特点。金属矿产主要有铁、金、铀、铜、铅、锌等，非金属矿产有滑石、菱镁矿、硼、磷、石墨和石棉等。其中变质铁矿床，在全球各大陆均有分布，其储量占全球铁矿总储量的2/3以上，变质金-铀砾岩矿床则是世界上金和铀的主要来源。

鞍山式铁矿分布最广，是我国最重要的铁矿床。它不仅数量居于首位（约占总储量的50%），而且由于矿床规模一般较大（大中型矿床储量占本类矿床的90%），单个矿体的规模和厚度较大，埋藏不深，不少矿床可供露天开采，加之矿石类型以磁铁矿为主，矿床的分布又比较集中，使该类铁矿床在开发利用上占了极大的优势。如鞍山市弓长岭，海相火山—沉积变质型大型铁矿床，产于辽宁省鞍山至本溪市一带，矿体多呈层状、似层状，延长几百米至几千米，少数可达十余千米，延深数百米至千米以上，矿层厚者可达二三百米。其中，贫铁矿含铁 31.28%～34.79%，富铁矿含铁 49.65%～64.81%，储量达 79 亿 t。

3.3 矿业——支撑人类社会发展的基础

自 40 万年前的旧石器时代，人类就开始应用某些非金属，积累了有关石材的种类、性能以及应用的知识。人类早期社会就是以矿产和矿产制品来命名的，如石器时代、青铜时代、铁器时代等，这说明矿产对人类社会发展的影响巨大。

近几年来，中国钢铁企业和英国力拓公司关于铁矿石价格谈判的消息，中国控制稀土矿产出口的政策，中国和越南关于南海油田的争端等这些与矿产资源息息相关的事件，得到了越来越多人的关注，相信读者对矿产资源在国家经济发展社会建设中的重要性也有了一定了解。那么它到底能在人类生活当中起到什么作用，以至于引起这么多的争议呢？阅读以下内容能让读者对其作用有个大致的了解。

3.3.1 冶金工业应用矿床

冶金工业应用矿床（表 3-1）是指能为冶金工业冶炼金属及合成金属提供矿石的矿床。

表 3-1　冶金金属应用矿床分类

大类	亚类	元素
黑色金属应用矿床	主要黑色金属	Fe、Mn
	辅助黑色金属	Cr、V、Ti、Co、Ni
有色金属应用矿床	重有色金属（相对密度＞5）	Cu、Pb、Zn、W、Sn、Mo、Bi
	轻有色金属（相对密度＜5）	K、Na、Al、Mg、Ca、Ba

续表

大类	亚类	元素
贵金属应用矿床	主要贵金属	Au、Ag
	铂族金属	Ru、Rh、Pd、Os、Ir、Pt
稀有金属应用矿床	稀散金属	Li、Be、Rb、Cs、Nb…
	稀土金属	La、Ce、Pr、Nd、Pm…
	放射金属	U、Th、Ra

包括以铁、锰、铬为主的黑色金属矿床，以铝、铜、铅、锌为主的有色金属矿床，以金、银、铂为主的贵金属矿床，以锂、铍、铌、钽等为主的稀有金属矿床，还有稀土金属及放射性金属矿床等。铁与钛、钒、铬、锰、钴、镍组成铁族元素。铁族元素中，其电子与原子核的结合力强，相邻元素的原子半径趋于相等，有利于类质同像置换和元素的共生。在公元前4000年左右，铁就为人类所了解，埃及的法老把铁看得比黄金还宝贵。在公元前1200年左右，人类开始制造铁。公元前800年标志着铁器时代的开始，800年以后才开始使用钢。

现代工业中铁主要用于炼钢和制作铁合金。在铁的冶炼产物中，含碳量不同，技术性质会发生变化，含碳0.04%～0.2%称为熟铁，含碳0.2%～1.5%称为钢，含碳1.5%～2.5%称为钢质生铁，含碳2.5%～4%称为生铁。特种钢是在碳素钢加入锰、铬、钒、镍、钴、钼、钨等元素冶炼而成的。铁与铁合金和氮之间的作用原理被用于"氮化"加工，它能提高零件对某些介质的抗蚀性，大大增高表面硬度，提高钢的耐磨性和抗疲劳能力。钢铁及其他铁合金几乎用于所

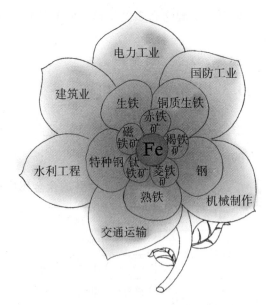

图3-9　铁矿石的工业用途示意

有工业部门，其中最主要的是机械制造业、建筑工程、水利工程、交通运输、电力工业以及国防工业等（图3-9）。

黑色冶金工业冶炼的对象主要是铁矿石，一般含铁 20% ~70% 的皆可视为工业矿石。我国一般将含铁 45% 以上的磁铁矿矿石、赤铁矿矿石和含铁 30% ~35% 以上的菱铁矿矿石称为富铁矿石，含铁 25% ~45% 的磁铁矿矿石、赤铁矿矿石及含铁 20% ~30% 的菱铁矿矿石为贫铁矿石。

把铁矿石制成有用产品包括两个步骤：第一是把铁矿石还原成为生铁（含碳 2.5% ~4%）；第二是把生铁变为铸铁、熟铁或钢（含碳 1.5% ~0.2%）。具体操作是将铁矿石与焦炭和石灰石一道加以熔炼。第一步是将空气或氧吹入炼铁炉底，将焦炭燃烧成为一氧化碳，一氧化碳将铁矿石中的氧移走，而将矿石还原为生铁。石灰石使矿石中硅氧、铝氧和其他杂质变成炉渣析出。第二步是用氧化剂除去生铁中过多的碳、硫、磷等杂质，有转炉法、平炉法和电炉法。

世界铁矿石的产量每年为 8 亿 ~10 亿 t，钢的生产量为 7 亿 ~8 亿 t。铁的出口国主要有澳大利亚、巴西、俄罗斯、加拿大、利比里亚、委内瑞拉、智利、印度等。我国铁矿储量虽大，但多是贫矿，因此铁矿石主要依赖进口。目前澳大利亚、印度和巴西分列我国铁矿石进口的前三名。

3.3.2 化学工业应用矿床

化学工业应用矿床（表 3-2）是指能提供化学工业所需原料的矿床。例如，自然硫矿床提供生产硫酸的原料。

表 3-2　化学工业应用矿床分类

大类（工业领域）	亚类（产品领域）
无机化学基本工业应用矿床	无机酸、碱、盐等应用矿床
有机化学基本工业应用矿床	烯烃、烷烃、炔烃和芳烃等应用矿床
无机化学制造工业应用矿床	玻璃、陶瓷等应用矿床
有机化学制造工业应用矿床	塑料、橡胶、造纸、纺织品等应用矿床

化学工业应用矿床矿产种类繁多，储量丰富，包括有机和无机两大类。以往，化学工业应用矿床主要是利用矿产化学成分，但随着科技的发展，矿产的独

特物理和工艺特性也越来越多地被应用在化学工业。例如硅藻土等化工原料是在破碎、混合、加热、冷却等工序中转化为产品被利用的。在实际生产中，化学工业应用矿床的应用往往受技术、经济、环境等多方面影响。如化工基本原料之一的硫，1950 年时约 50% 从黄铁矿矿床中获得，1960 年以来硫作为石油和天然气副产品逐渐增加，1968 年从碳氢化合物中提取硫的方法问世，更加削弱了黄铁矿的应用。

自然硫主要用来制造硫酸和提纯硫。此外，应用于颜料、农药等。自然硫矿床化学成分纯净的极少，常杂有黏土、碳酸盐、地沥青等。其产地主要集中于智利、秘鲁、日本、中国、俄罗斯、墨西哥等。硫除了直接从硫矿床获取外，另一重要来源为铁硫化物，包括黄铁矿（FeS_2）、白铁矿（FeS_2）、磁黄铁矿（$Fe_{1-x}S$），其中黄铁矿是主要的工业矿物。目前，包括我国在内的一些国家仍以黄铁矿作为硫的主要来源。硫铁矿矿床分布很广，西班牙、乌拉尔、挪威、中国、日本、加拿大等较为集中。

天然气硫矿床是指天然气中 H_2S 含量超过 0.1% 的矿床。这种矿床一般就能满足工业对硫的要求，主要产在蒸发盐盆地。近年来，国外从这类型矿床中提取硫的发展速度很快，产量以 10% 的年平均增长率上升。这些国家中以加拿大和法国为主。

石油中含 1% ~ 5% 的溶解硫，可用裂化等加工方法提取。从石油和天然气中得到的硫叫作还原硫或再生硫，纯度高（99.5% ~ 99.9%）、分散性高、成本低。世界上从石油中提取硫的国家有 50 余个，以美国和日本为主。

硫酸的制造始于 8 世纪，当时使用绿矾干馏制取。现在，人们普遍采用一种称为接触法的方法来制取硫酸。

3.3.3 物理工业应用矿床

物理工业应用矿床（表 3-3）是能为物理功能材料提供原料的矿床。例如，提供电学材料原料的云母矿床。物理功能材料是指具有特定物理性能的材料。

表 3-3 物理工业应用矿床分类

大类（工业领域）	亚类（产品领域）
光学材料应用矿床	激光材料、导光材料、发光材料、光致变色材料等
电学材料应用矿床	导电材料、导体材料、绝缘材料等应用矿床
热学材料应用矿床	耐热材料、导热材料、蓄热材料、隔热材料等应用矿床
力学材料应用矿床	硬度材料、弹性材料等应用矿床
磁学材料应用矿床	普通磁性材料、永久磁性材料、磁流体材料等应用矿床
声学材料应用矿床	隔声材料、传声材料等应用矿床

物理工业应用矿床所能提供的原料一般都具有一项或几项特殊的物理性能，在尖端科技中占有较重要的地位。例如，水晶具有压电性、旋光性、透光性等。也有少部分需经加工后才具有某种特性。因此，物理工业应用矿床中绝大部分矿床的储量少，规模小。这一方面是由于在复杂的自然地质条件下，符合物理工业要求的矿床的成矿是极其不易的；另一方面因为物理工业对原料的质量要求是相当苛刻的。与其他应用矿床相比，物理工业应用矿床的开采、选矿等过程难度大。在开采、选矿过程中既要保证晶体一定的形状、大小等，又要保存其所具有的物理特性，故在开采中多用手工开采。

如冰洲石（$CaCO_3$）是一种结晶完整、无色透明的方解石晶体。冰洲石晶体有很好的"双折射"和"偏振光"特征，是最好分光的原料，被广泛应用于显微镜、天文望远镜、光度计等仪器中（图 3-10）。在电子计算机、激光开关、大屏幕显示器、激光测距仪等仪器中也有应用。冰洲石在开采时，最关键的是护晶。由于其性脆又具有完全解理，采掘时应尽量不使用炸药，多用手工开采。温度急剧变化，会引起冰洲石晶体的破裂。因此矿巢中的晶体必须等到它的温度与周围空气的温度相接近时，才能取出。采出晶体应放在阴凉的地方并用帆布等遮盖好。在探采中，采出矿体块度越大，获晶率越高。现场选矿时还要注意利用晶体上明显的解理裂隙，从外向内逐步解开，尽量保护裂隙少而透明的部分。室内加工是将冰洲石时而对光，时而用手遮光，仔细观察内部结构，找出工业品级冰洲石赋存部位，然后依次谨慎地分解晶体，直到获得工业品级的冰洲石。

图 3 - 10　冰洲石原矿与工业品

为了适应物理工业对原料高纯、高性能的要求，有越来越多的物理工业应用矿床由原始原料供应转向二次或三次原料供应。例如，水晶在物理工业中广泛应用，然而由水晶矿床提供的水晶直接成为原料的很少，大都需由人工生长法重新制得水晶原料，即二次原料。

3.3.4　农业应用矿床

农业应用矿床（表3-4）是指能够为农业生产提供原料的矿床。这些矿床包括以氮、磷、钾为主的化肥原料矿床，以自然硫、雄黄、雌黄、毒砂为主的农药原料矿床，以沸石、膨润土、海泡石为主的饲料原料矿床等。

表 3 - 4　农业应用矿床分类

大类（应用领域）	亚类（产品领域）
农肥应用矿床	氮肥原料、磷肥原料、钾肥原料、钙肥原料、硫肥原料、有机肥原料、硼镁肥原料等
饲料应用矿床	钙镁饲料原料、钾钠饲料原料、微量元素饲料原料等
农药应用矿床	农药本体原料、农药载体原料
土壤改良应用矿床	泥炭、沸石、石灰石、石膏等

能为农业提供氮原料的矿产，主要有硝酸盐矿床、煤系岩矿床等。在自然界中，硝酸盐矿物仅仅有十余种，由于这类矿物极易溶于水，所以它们只见于干旱

及炎热沙漠区的近代沉积物中，是有机质经硝化细菌分解而产生的硝酸根，与土壤中碱金属（K、Na）、碱土金属（Mg、Ca、Ba），还有 Cu、NH_4^+ 等化合而成，常与石膏、芒硝、石盐等共生。我国青海西宁地区的红土层中产有巨厚的钠硝石层。而用来生产氮肥的矿质原料多来自黑色页岩（煤矸石）、褐煤、腐泥煤等。这些矿质原料中富含有机氮，主要呈氨基酸（蛋白质）类，氨基酸经氨化作用转化为无机氨，析出的无机氨 NH_3 在碱性介质中呈分子态（气体）而挥发，在酸性介质中则呈 NH_4^+ 形式易被植物吸收。

3.3.5 建筑应用原料矿床

建筑应用原料矿床（表 3 – 5）是指那些除金属矿床、燃料矿床以外的，可被建筑业所利用的岩石、矿物所组成的所有矿床总称，例如铺设地板的花岗石矿床。

建筑应用原料矿床一般埋藏浅、储量大，易开采，矿床成因及矿体的空间产状相对金属矿床来说较简单，但实际价值与金属矿床相比要复杂得多，除了确定矿产的储量、品位、采矿技术条件和工艺加工性能外，还必须考虑用不同物理、化学性质参数来确定其实际价值。同一种建材矿产均可应用在不同领域。但使用它的物理性质、化学性质是不同的。例如：滑石既是建筑业重要生产原料，又是造纸、橡胶等行业的重要添加剂。

当今世界，随着科学技术的进步，国民经济建设发展很快，建材原料及非金属矿产的应用领域越来越广，非金属材料在经济建设中占有重要地位，非金属矿产利用已经和正在打破以能源、金属矿产占矿产利用统治地位的局面，其发展速度、产值、需求增长率在许多经济发达国家都超过了金属矿产。因此有人认为，人类社会发展进入了一个新的"石器时代"。

表3-5　建筑应用原料矿床分类

大类（应用领域）	亚类（产品领域）	主要产地
建筑石材矿床	花岗石类	吉林九台、延吉；内蒙古乌海；山西灵丘；北京昌平、房山；河南偃师；山东济南、青岛；湖南华容；浙江奉化；福建福安等
	大理石类	北京房山；河北唐山；山东海阳；山西五台；吉林盘石；江苏徐州；安徽怀宁；广西桂林；湖北大冶等
	瓦板石类	北京地区；陕西佳县、米脂；浙江吉安；山西五台等
建筑骨料矿床	重骨料类	滨海沙滩：我国滨海地区 海河沙滩；湖泊沙滩；矿石、隧道废石
	轻骨料类	河北张家口；浙江余杭；山东潍坊；陕西大安；山西吕梁等
	水泥灰岩	遍布全国碳酸盐分布区（含泥灰岩）
	石膏	湖北应城；湖南邵东；辽宁凤城；贵州黄平；云南红河；江苏南京
	沥青	大庆油田；胜利油田；江汉油田；南阳油田等各油田

3.4　打破资源瓶颈——新型矿产资源的开发利用

　　矿业也是人类生产活动最古老的领域。从石器、陶器到青铜器、铁器，由原始社会、农耕文明到工业革命、信息时代，矿产资源的开发利用过程，成为一种度量人类社会发展的标尺。尤其在当今世界，95%的能源、80%的工业原材料和70%的农业生产资料来于矿产资源。因此，有人说："人类的历史，就是一部矿产资源的开发史。"当历史进入公元2000年，人们迎接新千年的喜悦尚未散去，油荒、电荒、煤荒……接踵而来。资源紧缺，让每一个新兴经济体的国民都深深地感到痛心。资源问题，已触碰到社会经济可持续发展的敏感部位。就能源矿产而言，世界各国将越来越多的人力和物力投入到了新型矿产资源的研究和开发，以期缓解日趋严重的资源形势。作为本章的结尾，为读者介绍一下新型矿产资源的开发利用概况。

3.4.1　油页岩

油页岩是指特别富含有机质且成熟度低，加热干馏产出的页岩油数量达到一定工业标准（含油率大于3.5%）的纹层状或薄层状泥质岩或泥灰岩。若将油页岩打碎并加热至500℃左右，就可以得到页岩油。中国常称页岩油为人造石油。页岩油很像石油，除了液态的碳、氢物质外，还含有少量氧、氮和硫的化合物。一般来说，1 t油页岩可提炼出38～378 L（相当于0.3～3.2桶）页岩油。页岩油加氢裂解精制后，可获得汽油、煤油、柴油、石蜡、石焦油等多种化工产品。

全球油页岩蕴藏资源量约有10万亿 t，比煤炭资源量多40%，比传统石油资源量（2 710亿 t）多50%以上。我国油页岩资源十分丰富，按探明资源量排位居世界第四，预测资源量4 520亿 t，约85%以上分布在吉林、辽宁和广东省，其中吉林省已探明可采储量为174.5亿 t，约占全国油页岩探明总量的55.3%。广东已探明可采储量超过55.15亿 t，辽宁省截至2004年累计探明储量为41.3亿 t。

油页岩产量高的国家主要有爱沙尼亚、俄罗斯、巴西、中国和德国。其中爱沙尼亚是世界油页岩开发利用程度最高的国家。2002年，爱沙尼亚油页岩的产量达1 230万 t，约占世界产量的75%。2000年，全球页岩油年产量约50万 t，爱沙尼亚就生产了23.8万，约占世界产量的47%。爱沙尼亚有4个装机容量为2 967 MW的油页岩发电厂，它们也是世界上装机容量最大的油页岩发电厂。

油页岩是一种蕴藏量十分丰富但几乎还未被很好利用的矿产资源。随着传统资源短缺问题日益严重，通过油页岩的开发，可接替部分常规油气，缓解能源供应压力。有专家预计，在今后一二十年内，随着开发利用技术的进步，全球趋向于充分利用油页岩资源，油页岩开发利用前景将十分光明。

3.4.2　可燃冰

可燃冰，是一种天然气水化合物。在自然界广泛分布在大陆永久冻土、岛屿的斜坡地带、活动和被动大陆边缘的隆起处、极地大陆架以及海洋和一些内陆湖的深水环境。因在较低温度和较高压力条件下由天然气和水分子形成的类似冰的笼形结构化合物，其外观像冰一样，而且遇火即可燃烧，所以又被称作"可燃冰"或者"固体瓦斯"和"气冰"。组成天然气的成分如 CH_4、C_2H_6、C_3H_8、C_4H_{10} 等同系物以及 CO_2、N_2、H_2S 等，可形成单种或多种天然气水合物，其中形成天然气水合物的主要气体为甲烷，对甲烷分子含量超过 99% 的天然气水合物通常称为甲烷水合物。可燃冰就像是上天赐予人类的珍宝，它年复一年地积累，形成延伸数千乃至数万千米的矿床。仅仅是现在探明的可燃冰储量，就比全世界煤炭、石油和天然气加起来的储量还要多几倍。

图 3 – 11　天然气水化合物

世界上海底天然气水合物已发现的主要分布区是大西洋海域的墨西哥湾、加勒比海、南美东部陆缘、非洲西部陆缘和美国东海岸外的布莱克海台等，西太平洋海域的白令海、鄂霍茨克海、千岛海沟、冲绳海槽、日本海、四国海槽、日本南海海槽、苏拉威西海和新西兰北部海域等，东太平洋海域的中美洲海槽、加利福尼亚滨外和秘鲁海槽等，印度洋的阿曼海湾，南极的罗斯海和威德尔海，北极的巴伦支海和波弗特海，以及大陆内的黑海与里海等。

2009 年 9 月中国地质部门公布，在青藏高原发现了一种名为可燃冰的环保新能源，预计 10 年左右能投入使用。这是中国首次在陆域上发现可燃冰，使中国成为加拿大、美国之后，在陆域上通过国家计划钻探发现可燃冰的第三个国家。初略的估算，远景资源量至少有 350 亿 t 油当量。同等条件下，可燃冰燃烧产生的能量比煤、石油、天然气要多出数 10 倍，而且燃烧后不产生任何残渣和废气，避免了最让人们头疼的污染问题。据了解，全球天然气水合物的储量是现有天然气、石油储量的两倍，具有广阔的开发前景，它是一种新型高效能源。

天然气水合物在给人类带来新的能源前景的同时，对人类生存环境也提出了严峻的挑战。天然气水合物中的甲烷，其温室效应为 CO_2 的 20 倍，温室效应造成的异常气候和海面上升正威胁着人类的生存。全球海底天然气水合物中的甲烷总量约为地球大气中甲烷总量的 3 000 倍，若有不慎，让海底天然气水合物中的甲烷气逃逸到大气中去，将产生无法想象的后果。而且固结在海底沉积物中的天然气水合物，一旦条件变化使甲烷气从天然气水合物中释出，还会改变沉积物的物理性质，极大地降低海底沉积物的工程力学特性，使海底软化，出现大规模的海底滑坡，毁坏海底工程设施（如海底输电或通信电缆和海洋石油钻井平台等）。

天然可燃冰呈固态，不会像石油开采那样自喷流出。如果把它从海底一块块搬出，在从海底到海面的运送过程中，甲烷就会挥发殆尽，同时还会给大气造成巨大危害。为了获取这种清洁能源，世界许多国家都在研究天然可燃冰的开采方法。科学家们认为，一旦开采技术获得突破性进展，可燃冰立刻会成为 21 世纪的主要能源。相信随着科学技术的发展，人类终将解决使用新能源时遇到的各种技术性问题，这些新型矿产也将在能源领域大放异彩，为人类生活带来更大的便捷。

3.4.3　页岩气

据新华网 2012 年 11 月 18 日消息，10 年前美国对页岩气的开采还微不足道，而现在它已占该国天然气开采总量的 1/4，页岩气将取代煤炭而成为仅次于石油的美国第二大能源资源，预计到 2015 年美国将超越俄罗斯成为全球最大天然气生产国。有媒体评论说，这对一直寻求能源独立的美国来说，已是一场实实在在的"能源革命"。

所谓"页岩气"，是以吸附或游离状态存在于泥岩、高碳泥岩、页岩及粉砂质岩类夹层中的天然气。与常规储层气藏不同，页岩既是天然气生成的源岩，也是聚集和保存天然气的储层和盖层。因此，有机质含量高的黑色页岩、高碳泥岩等常是最好的页岩气发育条件。中国主要盆地和地区页岩气资源量为 15 万亿 ~ 30 万亿 m^3，与美国 28.3 万亿 m^3 大致相当，经济价值巨大。另外，生产周期长也是页岩气的显著特点。页岩气田开采寿命一般可达 30～50 年，甚至更长。美国联邦地质调查局最新数据显示，美国沃思堡盆地 Barnett 页岩气田开采寿命可达 80～100 年。开采寿命长，就意味着可开发利用的价值大，这也决定了它的发展潜力。

页岩气发育具有广泛的地质意义，存在于几乎所有的盆地中，只是由于埋藏深度、含气饱和度等差别较大分别具有不同的工业价值。中国传统意义上的泥页岩裂隙气、泥页岩油气藏、泥岩裂缝油气藏、裂缝性油气藏等大致与此相当，但其中既没有考虑吸附作用机制也不考虑其中天然气的原生属性，并在主体上理解为聚集于泥页岩裂缝中的游离相油气，属于不完整意义上的页岩气。因此，中国的泥页岩裂缝性油气藏概念与美国现今的页岩气内涵并不完全相同，分别在烃类的物质内容、储存相态、来源特点及成分组成等方面存在较大差异。

根据美国能源情报署估计，中国的页岩气储量超过其他任何一个国家，可采储量有 36 万亿 m^3。按当前的消耗水平，这些储量足够中国使用 300 多年。北京将天然气视为解决中国日益增长的能源需求的方案的一部分，国家鼓励对页岩气和煤层气等"非常规"天然气资源进行开发。据中国石油天然气集团公司透露，该公司在四川省南部的页岩区钻探了约 20 口气井，单井日产量在 1 万 m^3 以上，河南伊川砂岩气项目也获得单井日产 1.2 万 m^3，抚顺永川页岩气项目于 2012 年底实现了页岩气商业化运营，成为中国开始页岩气革命的重要标志性事件。

页岩气革命得益于"水力压裂"技术，页岩油的产量也飞速增加。国际能源署认为，到 2020 年美国将成为全球最大原油生产国，到 21 世纪 20 年代中期美国将不必进口石油。但是，用"压裂液体"技术也使化学物质夹杂着大量水、泥沙高压注入地下井，会对环境和人类健康产生负面影响，其中包括污染空气、水源和土壤等。各国政府还在制定更严格的管理条例，力图减轻页岩气开发所产生的环境影响。

3.4.4　走向氢经济时代

氢是一种洁净能源，可通过储氢材料在常温下高效储存，通过管道输送，其危险性并不比天然气更大。当石油、煤和天然气等化石能源殆尽或开采成本太高时，可以利用电解电池，将太阳能、风能、水的位能等可再生能源通过电解法制氢、储存或经短途运输，再利用燃料电池发电应用，如能加强对储氢材料、氢的电解制取和燃料电池的开发力度，大幅度降低其成本，这一合理的氢经济结构的实现，或将为时不远。

氢经济的一个比较有趣的问题就是氢本身，氢从哪里来？一是"水电解"，利用电流可以很容易地把水分子分解为纯净的氢和氧。二是"重整矿物燃料"，石油和天然气的分子由氢和碳构成，利用一种被称为燃料处理器或重整器的装置，可以较为容易地将碳氢化合物中的氢和碳分离开来，但剩余的碳以二氧化碳的形式排放到大气中。因此，要想实现纯粹的氢经济，必须通过可再生能源而不是矿物燃料来获得氢。只有这样，我们才能停止向大气中释放碳。目前，实现氢经济的最大困难在于，如何获得足够的电力来从水中分离氢并且不使用矿物燃料来发电。

在此前提下，长期来看氢气不见得是最便宜的能源，因为目前电解制氢和燃料电池科技没有解决诸多问题。最大障碍发电厂必须改用可再生能源，而市场必须就如何储存和运输氢达成一致，这些障碍可能使向氢经济的转变成为一个相当漫长的过程，实现纯粹的氢经济任重而道远。一旦技术得到完善并且变得经济实用，那么在 10~20 年，以氢为动力的燃料电池汽车就将取代汽油内燃机汽车。

1839 年英国的 Grove 发明了燃料电池，并用这种以铂黑为电极催化剂的简单的氢氧燃料电池点亮了伦敦讲演厅的照明灯。1889 年 Mood 和 Langer 首先采用了燃料电池这一名称，并获得 $200mA/m^2$ 电流密度。由于发电机和电极过程动力学的研究未能跟上，燃料电池的研究直到 20 世纪 50 年代才有了实质性的进展，英国剑桥大学的 Bacon 用高压氢氧制成了具有实用功率水平的燃料电池。20 世纪 60 年代，这种电池成功地应用于阿波罗登月飞船。从 20 世纪 60 年代开始，氢氧燃料电池广泛应用于宇航领域，同时，兆瓦级的磷酸燃料电池也研制成功。从 20 世纪 80 年代开始，各种小功率电池在宇航、军事、交通等各个领域中得到应用。燃料电池是一种将储存在燃料和氧化剂中的化学能，直接转化为电能的装置。当源源不断地从外部向燃料电池供给燃料和氧化剂时，它可以连续发电。依据电解质的不同，燃料电池分为碱性燃料电池、磷酸型燃料电池、熔融碳酸盐燃料电池、固体氧化物燃料电池及质子交换膜燃料电池等。燃料电池不受卡诺循环限制，能量转换效率高，洁净、无污染、噪声低，模块结构、积木性强、比功率高，既可以集中供电，也适合分散供电。

在中国燃料电池研究始于1958年，原电子工业部天津电源研究所最早开展了熔融碳酸盐燃料电池的研究。20世纪70年代在航天事业的推动下，中国燃料电池的研究曾呈现出第一次高潮。其间中国科学院大连化学物理研究所研制成功的两种类型的碱性石棉膜型氢氧燃料电池系统（千瓦级AFC）均通过了例行的航天环境模拟试验。1990年中国科学院长春应用化学研究所承担了中科院质子交换膜燃料电池的研究任务，1993年开始进行直接甲醇质子交换膜燃料电池的研究。电力工业部哈尔滨电站成套设备研究所于1991年研制出由7个单电池组成的熔融碳酸盐燃料电池原理性电池。"八五"期间，中国科学院大连化学物理研究所、上海硅酸盐研究所、化工冶金研究所、清华大学等国内十几个单位进行了与固体氧化物燃料电池的有关研究。到20世纪90年代中期，由于国家科技部与中国科学院将燃料电池技术列入"九五"科技攻关计划的推动，中国进入了燃料电池研究的第二个高潮。

传统的火力发电站的燃烧能量大约有近70%要消耗在锅炉和汽轮发电机这些庞大的设备上，燃烧时还会排放大量的有害物质。而使用燃料电池发电，是将燃料的化学能直接转换为电能，不需要进行燃烧，没有转动部件，理论上能量转换率为100%，装置无论大小实际发电效率可达40%～60%，可以实现直接进入企业、饭店、宾馆、家庭实现热电联产联用，没有输电输热损失，综合能源效率可达80%，装置为积木式结构，容量可小到只为手机供电、大到和目前的火力发电厂相比，非常灵活。燃料电池的发展创新将如百年前内燃机技术突破取代人力造成工业革命。燃料电池的高效率、无污染、建设周期短、易维护以及低成本的潜能将引爆21世纪新能源与环保的绿色革命。如今，在北美、日本和欧洲，燃料电池发电正以奋起直追的势头快步进入工业化规模应用的阶段，将成为21世纪继火电、水电、核电后的第四代发电方式。

目前，全世界都在依赖所谓的矿物燃料经济。我们的汽车、火车和飞机几乎完全以汽油、柴油等石油产品为燃料。绝大部分的发电厂也是以石油、天然气和煤作为燃料。同时，从石油、煤炭燃烧排出二氧化碳导致全球气候变暖已经影响到人类的生存环境。矿物燃料的短缺、生态环境的恶化，两股力量正引导世界走向众所周知的"氢经济"。如果预测正确，那么在接下来的几十年里，我们将见证一场了不起的变革，从今天的矿物燃料经济走向更为清洁的氢经济时代。

4　生态地球

从太空看地球，除了广袤的蓝色海洋之外，还有大面积绿色的部分，约占地球表面积的29%，那是陆地。全球陆地又常常被分为亚欧大陆、非洲大陆、北美洲大陆、南美洲大陆、澳大利亚大陆和南极洲大陆等六块。陆地表面被大面积的森林、草原、植被所覆盖，看起来总体呈绿色（图4-1）。陆地是一个巨大的生态系统，是人们居住和生活的主要场所，人们在陆地上繁衍生息，用智慧和双手创造人类文明。但由于形成时间、机制和地处的纬度不同，各个大陆地形、地貌、气候迥异，地表植被及生物有明显的地域特色。比如：南北两极地、亚极地大陆常年冰天雪地、半年是白天、半年是黑夜，非洲1/3的土地被撒哈拉沙漠所覆盖，亚洲的喜马拉雅山年轻而雄伟，南美洲的亚马孙热带雨林迷人又充满着生机……不同的地貌单元孕育着不同的生物群落，构造着丰富多彩的景观生态系统。

4.1　万山之宗

从前面的章节中可以了解到，大陆漂移、板块俯冲碰撞，往往在大陆的边缘形成雄伟高大的造山带。如环太平洋山系就是太平洋板块向欧亚板块和美洲板块俯冲的产物，阿尔卑斯-喜马拉雅山系则是欧亚板块与印度洋板块、非洲板块碰撞的结果。板块挤压的强大应力波及内陆会使大地形变，构造出盆岭相间的地貌景观，如东亚地区自海沟向西出现岛弧链-陆缘海-山脉-陆内裂谷型平原-断块山地-地堑型盆地等地貌景观群顺序排开。如果俯冲板块大尺度地插入到仰冲板块的下部，就会出现"双地壳"结构的高原，我国的青藏高原就是一个典型的例子，这里的地壳厚度可达70km，是其他地区的两倍以上。山脉走向一般垂直于构造应力的方向，由于地应力释放所产生的巨大断裂带将完整的山体切割成若干条山岭和山谷，地应力相对集中的区域山体强烈抬升高造成现状分布的高大山峰带，故称之为主脉，主脉两侧的山岭称为支脉，具有相同大地构造背景的相邻山脉可以组成一个山系。世界上大部分山脉，均可根据其地质构造的隶属关系而归并到环太平洋山系、阿尔卑斯－喜马拉雅山系和中国中央山系之中。因此，可称得上是"万山之宗"了。

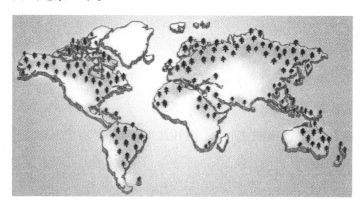

图 4-1　蓝色地球上的绿色大陆

4.1.1　地球上最年轻的山脉——环太平洋山系

环太平洋山系包括纵贯美洲大陆西部的科迪勒拉山系，北起美国的阿拉斯加，沿北美、南美大陆西境直达阿根廷的火地岛，南美的安第斯山脉，以及亚洲、澳大利亚的太平洋沿岸山脉和日本、菲律宾等岛弧山脉。山脉之间有无数的山间高原、山间盆地、谷地，全长长达 15 000km。北美部分的山系海拔一般为 1 500～3 000m，最高的麦金利峰达 6 193m。南美部分山系大部分海拔在 3 000m 以上，其中阿空加瓜山海拔 6 964m，为南美洲和北美洲最高峰。环太平洋山系形成较晚，是由太平洋板块与周边的美洲大陆板块、欧亚大陆板块和澳洲板块大陆相撞、挤压、抬升而成。它是世界上最年轻的山系之一，至今火山活跃、地震频繁。

安第斯山脉是世界上最长的山脉。该山脉分布在南美洲的西海岸，从北到南全长 9 000km，几乎是喜马拉雅山脉的 3 倍半。这条山脉既高又陡，平均海拔 3 900m，超过 6 000m 的高峰不胜枚举。安第斯山脉绚丽多姿，而且有丰富的铜矿、火山和雪崩。位于厄瓜多尔中部安第斯山中部的科托帕希火山，海拔 5 897m，是世界最高的连续活动的火山（另有一说为智利的尤耶亚科火山是世界最高的活火山，海拔

6 723m）。南美洲最高峰，海拔 6 964m 的阿空加瓜山是世界最高的死火山。

科迪勒拉山系的北段从东到西由三条南北走向的山带组成，其中东带的落基山脉最为雄伟，海拔 2 000～3 000m，南北长 5 000km。落基山脉是美国太平洋水系和大西洋水系的分水岭。著名的黄石公园就在落基山脉，这里为山间盆地，海拔约 2 500m，地表覆盖熔岩，温泉广布，有数百个间歇泉，水温可达 85℃。东带与中带之间有哥伦比亚高原、科罗拉多高原及大盆地。

北美洲最高峰麦金利峰，又称为德纳里峰，位于美国阿拉斯加州南部，海拔 6 194m。最佳攀登季节为每年的 5～7 月，平均攀登周期为 18 天。麦金利峰地势险峻，气候寒冷，从三号营地向上，必须使用冰爪和冰镐。由于山体靠近北极圈，虽然顶峰只有 6 194m，但周围景象却酷似北极，层层冰盖掩住山体，无数冰河纵横其中，有时风速可达每小时 160km。在这里，冬季最冷时气温低于零下 50℃，探险者需要忍受极低的气温、大风和长时间的冰雪徒步，因此登顶成功率仅为 50%。

我国东部的山地和平原、盆地包括部分高原，都属于环太平洋山系的组成部分。根据东亚－西太平洋中生代以来火山－沉积地层学、岩石年代学和区域构造演化研究成果显示，由大洋到大陆、由陆缘到陆内，大致平行于西太平洋的海沟－岛弧带发育了太平洋边缘海盆地带、黄海－东海－南海北部陆架裂谷带、东亚大陆外侧裂谷带（包括松辽平原、华北平原裂谷系以及苏北、江汉等裂谷盆地群）和东亚大陆内侧裂谷带（汾渭盆地、鄂尔多斯西缘裂谷和四川盆地等）。相对裂谷平原区的沉陷，两侧分别有长白山、兴安岭、太行山、阿尔善等山脉的强力抬升。

4.1.2 地球上最雄伟高峻的山脉

阿尔卑斯－喜马拉雅山系，主要为东西走向的巨大山系，是非洲大陆板块、印度洋板块向欧亚大陆板块俯冲碰撞的直接产物。它横跨于欧亚大陆中南部和非洲、印巴次大陆的北部，包括欧洲的阿尔卑斯山系、北非的阿特拉斯山脉、亚洲的兴都库什山脉、喀喇昆仑山脉和喜马拉雅山脉。这条山系向东经中国西南部的横断山脉中南半岛、印度尼西亚至巽他群岛与环太平洋山带相接。

位于欧洲的阿尔卑斯山脉也是一条巨大的山脉，它像一条巨龙把中欧和南欧分隔开来，好在阿尔卑斯山脉有许多山口，否则它对中南欧的阻碍就会更加严重。阿尔卑斯山是现代冰川最为发达的地区，全欧洲 1 万多平方千米的冰川有半数分布在阿尔卑斯山脉，因此，阿尔卑斯山脉中的湖泊数不胜数，仅瑞士境内就有 1 000 多个大大小小的湖泊，美丽的湖光山色使这里成为旅游胜地。阿尔卑斯山脉呈弧形，长 1 200km，宽 120 ~ 200km，最宽处 300km，平均海拔 3 000m 左右，主峰勃朗峰海拔 4 807m。

喜马拉雅山脉是世界上最雄伟高峻的山脉。它耸立在我国青藏高原的南部边缘，西起帕米尔、东到雅鲁藏布江的转弯处，全长 2 500km。喜马拉雅山脉平均海拔在 6 000m 以上，7 000m 以上的高峰有 40 座，全世界 8 000m 以上的 14 座高峰中有 10 座在这里，地球最高的山峰珠穆朗玛峰也位于喜马拉雅山脉。随着山地高度的增加，气候会不同，自然景象也不断变化，这就是高山地区特有的垂直自然带。喜马拉雅山由于山体特别高耸，垂直自然带表现得异常明显。如 2 000m 以下温暖湿润、郁郁葱葱，属常绿阔叶林带；到 3 000m 时，耐寒的针叶树增加，并逐渐成为针叶林带；4 000m 处因热量不足，树木生长困难，灌木丛代替森林，成为灌丛带；更高处则变成高山草甸、地衣等自然带；5 000m 以上便是终年积雪不融的积雪带了。喜马拉雅山的冰雪地貌十分典型，仅珠穆朗玛峰地区我国境内的冰川就有 217 条，其中绒布冰川长 22km，含冰雪量近 100 亿 m^3。这些冰川储有丰富的淡水，是宝贵的"固体水库"。

我国的青藏高原是地球上海拔最高、面积最大、年代最新、并仍在隆升的一个高原。有确切证据的地质历史可以追溯到距今 5 亿 ~ 4 亿年前的奥陶纪，这里曾是一片横贯欧亚大陆的海域，与北非、南欧、西亚和东南亚的海域相沟通，被地学界称为"特提斯海"或"古地中海"。在 2.4 亿年前后，随着印度板块不断向北推进向亚洲板块下插入，青藏高原逐渐被抬升并浮出水面。到了距今 8 000 万年前后基本脱离海洋成为陆地。整个地势宽展舒缓，河流纵横，湖泊密布，其间有广阔的平原，气候湿润，丛林茂盛。高原的地貌格局基本形成，地质学上把这段高原崛起的构造运动称为喜马拉雅运动。青藏高原的抬升过程不是匀速的运动，不是一次性的猛增，而是经历了几个不同的上升阶段。每次抬升都使高原地貌得以演进，距今 1 万年前，高原抬升速度更快，平均每年以 7cm 速度上升，使之成为当今地球上的"世界屋脊"。

4.1.3 古老东方龙的化身

在《厚土中原》电视纪录片的台词中，有一段这样的话：横亘于我国中部的昆仑、秦岭、伏牛山、大别山脉，犹如盘卧在神州大地的一条巨龙，这便是举世瞩目的中国中央山系。而地处中央山系东段的中原大地，犹如探出的龙首，迎着朝阳，向往大海。"龙"是中华民族的图腾，国人对龙的崇拜，源于其形体的"包容"、精神内核的"担当"，这是中原这块土地上的人们对龙之精神的感悟。所谓中国中央山系，最早由李四光先生于1926年在他的《地球表面形象之主因》一文以提出。因秦岭－昆仑山脉在中国境内绵延达7 000km左右，往西延伸约1 000km至阿富汗北部的赫里路德，主体位于北纬32°～35°，走向与地球纬度线一致，将其归并到全球性纬向构造体系中，称之为"秦岭－昆仑复杂构造带"。而随着大陆动力学研究的兴起，我国众多的地质学家在秦岭地区开展科学研究，发现这条在中国大陆上一条十分醒目而又极其重要的巨型构造带经历了大致600Ma的活动历史，经历了板块汇聚、边界洋壳/陆壳深俯冲至100km以上的地幔深处的两次壮观地质事件，是全球造山带中最为精彩和不可多得的典型代表，与青藏高原一样被地学家们誉为当今中国地学研究的瑰宝，故更名为"中国中央造山系"。

昆仑山西起帕米尔高原东部，东到柴达木河上游谷地，于东经97°～99°处与巴颜喀拉山脉和阿尼玛卿山（积石山）相接，北邻塔里木盆地与柴达木盆地。山脉全长约2 500km，宽130～200km，平均海拔5 500～6 000m，西窄东宽，总面积达50多万km²。一般认为最高峰是常被称为"昆仑山"的慕士山（海拔7 282m），但实际位于新疆维吾尔自治区和田南面的公格尔山（7 719m）最高。

祁连山位于青藏高原北缘，地跨甘肃和青海，西接阿尔金山山脉，东至兰州兴隆山，南与柴达木盆地和青海湖相连，山脉西北至东南走向，由数条近似平行的山脉组成，平均海拔4 000m以上，长约2 000km，宽200～500km，平原河谷占山地面积的1/3以上。

　　秦岭－伏牛山－大别山，西端起始于甘肃省境内，中段主体位于陕西省与四川省交界处，东段延至河南省西部和鄂豫皖三省交界，全长约 2 500km。秦岭同时也是长江流域与黄河流域的分水岭。秦岭主峰太白山，高 3 763.2m，是中国大陆东半壁的第一高峰，号称群峰之冠。

　　值得指出的是，中央山系，尤其是东段的秦岭－伏牛山－大别山脉，对我国自然地理与历史文化的影响最为深远。被誉为中华民族母亲河的黄河长江沿山脉两侧源远流长，见证着华夏上下五千年的文明史，高大的山体屏蔽了西伯利亚寒流的向南侵袭、滞缓了热带气团北上西进的步伐，一向模糊的人文地理与自然生态区系在这里出现一条优美的临界线。这里是矿产资源的密集富集区，有中国"金腰带"之称谓。中央山系，作为中华民族的父亲山，为实现民族的伟大复兴而开拓金属矿产资源、油气资源的战略前景，以及现今南北中国的气候、环境、人文、地理、生态和灾害的制约，提供着强大的支撑。

4.1.4　以岭为邻

　　全球七大洲，只有欧亚大陆紧密相连。位于俄罗斯中西部、大致南北走向的乌拉尔山脉是欧、亚两洲的分界线（图 4－2）。乌拉尔山脉北起北冰洋喀拉海的拜达拉茨湾，南至哈萨克草原地带，绵延 2 000 多千米，介于东欧平原和西伯利亚平原之间。整条山脉自北至南分为极地、亚极地乌拉尔山地和北、中、南乌拉尔山五段，平均海拔 500～1 200m，亚极地 1 894m 的人民峰是乌拉尔的最高峰。乌拉尔山脉是一座矿藏宝库，它的东坡蕴藏着磁铁、铜、铝、铂、石棉等矿产，西坡则储有钾盐、石油和天然气。山脉东西坡气温不同，西坡的年平均降水量比东坡多 300mm，分布着大片阔叶林和针叶林，林中生长着椴树、橡树、枫树、白桦等树种；东坡大多是落叶松，阔叶林很少见。乌拉尔山脉还是伏尔加河、乌拉尔河同东坡鄂毕河流域的分水岭。有趣的是生活在东西两侧河流的鱼儿也不一样，西侧河流里的鲑鱼体闪红光，而东侧河流里的马克鲟鱼和折东鱼等却都呈银白色。早在 18 世纪，俄国历史、地理学家塔吉谢夫就是通过这些有趣的发现，证实乌拉尔山脉确是亚、欧两洲的天然分界线。

图 4-2 俄罗斯地区一览图

世界上还有许多著名的山脉，如澳大利亚东部的"大分水岭"，因为是分割流向印度洋和太平洋海域水系的分水岭而得名（图4-3）。大分水岭北起约克角半岛，南至维多利亚州，与海岸线大致平行，长约3 000km，宽200～300km，最高峰科修斯科山为澳洲大陆最高点，海拔2 230m。位于非洲西北部，长2 400km，横跨摩洛哥、阿尔及利亚、突尼斯三国（并包括直布罗陀半岛），主峰海拔4 167m的阿特拉斯山脉，把地中海西南岸与撒哈拉大沙漠分隔开来。

图 4-3 分水岭

在我国，也有许多分割自然生态区系的山脉。如位于呼和浩特以西包括狼山、色尔腾山、乌拉山、大青山等在内的阴山山脉，海拔1 800～2 000m，最高峰呼和巴什格山位于狼山西部，海拔2 364m。山脉南北两侧的景观和农业生产差异显著。阴山蒙古语名为"达兰喀喇"，意思为"70个黑山头"。阴山山脉仿佛是一座巨大的天然屏障，同时阻挡了南下的寒流与北上的湿气，因此，阴山南北气候差异显著，是中国季风与非季风区的北界，属温带半干旱与干旱气候的过渡带。草原与荒漠草原的分界线。自古以来就是农耕区与游牧区的天然分界线。山区本身是农牧交错地带。条件较好的山间盆地中有旱作农业，种植春小麦、莜麦、马铃薯等作物，产量低而不稳。山区地质矿产资源丰富，大青山的煤矿、白云鄂博的铁矿和稀土矿都是品质高、储量大的著名矿区。

天山山脉是亚洲中部最大的一条山脉，横亘中国新疆的中部，西端深入哈萨克斯坦境内，东西绵延长约 1 500 km，天山的最高峰托木尔峰海拔 7 435 m，博格达峰海拔 5 445 m，被称称之为"雪海"，目前已纳入联合国"人与生物圈"自然保护区网。天山是地理上一条重要界线，它把新疆分隔成塔里木盆地温带荒漠生物气候带、准噶尔盆地暖温带荒漠生物气候带和伊犁盆地温带荒漠草原生物气候带。不同地带的水热条件明显地反映在所隶属的垂直系统中，因而天山不同坡向的垂直带结构有很大差异。从山顶到山麓依次可分为现代冰川作用带、冰雪覆盖的极高山带、霜冻作用带、流水侵蚀、堆积带、干旱剥蚀低山带。

从上面的资料可以看出，造山运动使大陆表面起伏不平、高差悬殊。如以海平面为基准计算，地平面平均海拔高度为 875 m，最高的地方珠穆拉玛峰 8 844.43 m，最低的是约旦河谷尽头的死海 − 396 m，高差达 9 240.43 m。陆地的地貌类型又是多样的，在山脉的保卫分割下还出现高原、盆地和平原，不同的地貌呈现不同的景观生态系统。

4.2　人类文明的奠基者——高原、盆地、大平原

梁启超在其写于 1900 年的《二十世纪太平洋歌》中列举的四大古文明国家都建立在容易生存的河川台地附近。古印度代表了恒河与印度河流域的文明，古埃及代表了尼罗河流域的文明，古代中国即黄河与长江流域的文明，而巴比伦是两河流域文明的一个重要时期。在我国，除了在黄淮海平原、黄土高原、汾渭盆地孕育出灿烂的中原文化外，在蒙古高原还产生了红山文化、四川盆地的三星堆文化、长江三角洲平原的良渚文化等。可见，有大山的呵护、河流蜿蜒的铺陈、厚重土壤的淀积，原始状态的高原、盆地与大平原总是与原野广袤、芳草萋萋、鸟语花香为伴，良好的生态环境是人类文明的奠基者。

4.2.1 大地的舞台——高原与丘陵

海拔高度一般在1 000m以上，地形开阔，周边以明显的陡坡为界，比较完整的大面积隆起地区称为高原。高原与平原的主要区别是海拔高度，与山地的区别是地势相对高差低。如我国的青藏高原平均海拔4 000m以上，内蒙古高原海拔1 000～1 400m。还有黄土高原海拔800～2 500m，沟壑纵横，植被少，水土流失严重，均为世界所罕见。云贵高原地形崎岖不平，海拔1 000～2 000m，多峡谷及典型的喀斯特地貌。在世界范围内，高原的分布十分广泛，约共占地球陆地面积的45%、主要有南极高原、巴西高原、伊朗高原、青藏高原、南非高原、拉布拉多高原、东非高原、埃塞俄比亚高原、蒙古高原、阿拉伯高原、德干高原、中西伯利亚高原、圭亚那高原、巴塔哥尼亚高原等。高原分布甚广，世界最高的高原是中国的青藏高原，面积最大的高原为南极冰雪高原。

图4-4 丘陵地带

丘陵为世界五大陆地基本地形之一，是指地球表面形态起伏和缓，绝对高度在500m以内，相对高度不超过200m，由连绵不断的低矮山丘组成的地形（图4-4）。丘陵与山脉的区别在于没有明显的脉络，与高原和平原的区别是地形起伏、落差相对较大。丘陵在陆地上的分布很广，一般是分布在山地或高原与平原的过渡地带。丘陵地区因降水量较充沛、光照充足而林草繁盛，是人类创造文明的主要理想地之一。在这里可以上山狩猎、下河捕鱼、捉蟹，还可以到广袤的原野从事农耕活动。华夏文明始祖轩辕氏部落就建立在伏牛山脉与黄淮海平原接壤的丘陵高岗之上。因此，丘岭和高原有演化文明的"大地舞台"之说。中国的丘陵约有100万km²，占国土总面积的1/10。自北至南主要有辽西丘陵、淮阳丘陵和江南丘陵，还有黄土高原的黄土丘陵等。世界最大的丘陵是哈萨克丘陵，约占哈萨克斯坦国土面积的1/5，是一处古老的低山台地，经过长时间的风化侵蚀而成。由于深居内陆，地面又坦荡单调，年降水量仅200mm左右，气温年较差大，是典型的大陆性干旱半干旱气候，属荒漠、半荒漠地带。自北向南分属草原带（已开辟大片耕地和牧场）、半荒漠带、荒漠带等。

4.2.2 人类生存的维系之地——大平原与小盆地

平原是海拔较低的平坦的广大地区，海拔0~200m的叫低原，200~500m的叫高平原。平原的类型较多，按其成因一般可分为构造平原、侵蚀平原和堆积平原。构造平原是因地壳抬升或海面下降而形成的平原，如俄罗斯平原。侵蚀平原，也叫剥蚀平原，一般略有起伏状，如我国江苏徐州一带。堆积平原是在地壳下降运动速度较小的过程中，沉积物补偿性堆积形成的平原，洪积平原、冲积平原、海积平原都属于堆积平原。如黄淮海平原等世界上的主要平原大多是河流冲积作用而形成。

由于平原土壤肥沃、地势平坦、气候温和、交通便利，有利于农业生产，也有利于城市布局，是人类主要的生产生活区域。如亚洲的东北平原、华北平原、长江中下游平原、恒河平原、印度河平原、美索不达米亚平原、西西伯利亚平原，欧洲的东欧平原、西欧平原、多瑙河中下游平原、波德平原（中欧平原），非洲的尼罗河三角洲平原、尼日尔河三角洲平原，美洲的密西西比平原、大西洋沿岸平原、亚马孙平原（世界最大的平原）、拉普拉塔平原，澳大利亚的中部平原等，大多都是重要的粮食生产区。

东北平原、华北平原、长江中下游平原是我国的三大平原，全部分布在中国东部，在第三级阶梯上。东北平原（由辽河平原、松嫩平原、三江平原构成）是中国最大的平原，海拔200m左右，广泛分布着肥沃的黑土。华北平原（又称黄淮海平原，南部是淮河平原）是中国东部大平原的重要组成部分，大部分海拔在50m以下，交通便利，经济发达。长江中下游平原（由太湖平原、江淮平原、鄱阳湖平原、洞庭湖平原、江汉平原构成）大部分海拔在 50m 以下，地势低平，河网纵横，向有"水乡泽国"之称。

盆地，顾名思义，就像一个放在地上的大盆子，所以人们就把四周高（山地或高原）、中部低（平原或丘陵）的盆状地形称为盆地。按其成因，大陆盆地划分为两种类型。一种是由地壳构造运动形成的，称为构造盆地，如我国新疆的吐鲁番盆地、江汉平原盆地。另一种是由冰川、流水、风和岩溶侵蚀形成的盆地，称为侵蚀盆地，如我国云南西双版纳的景洪盆地，主要由澜沧江及其支流侵蚀扩展而成。一些大型盆地的基底会发生断裂，形成一些"断陷盆地"，在我国华北渤海湾、西南地区的横断山区等地壳活动剧烈的地区比较多见。许多盆地在形成以后还曾经被海水或湖水淹没过，像四川盆地、塔里木盆地、准噶尔盆地等，都遭遇过这样的经历。后来，随着地壳的不断抬升，加上泥沙的淤积，盆地内部的海、湖慢慢地退却干涸，只剩下一些河水或小溪了。但是，那些在海、湖河流中，曾经生活过的大量生物死亡以后被埋入淤泥中，就会成为形成石油、煤炭的物质基础，这就是科学家们非常关注盆地研究的重要原因。

世界上最为著名的盆地有：非洲的刚果盆地（世界上最大的盆地，又称扎伊尔盆地）、乍得盆地、澳大利亚的大自流盆地。其中，刚果盆地位于几内亚高原、南非高原、东非高原及低小的阿赞德高原之间，面积约 337 万 km^2。由于赤道横贯盆地中部，是仅次于南美洲亚马孙盆地的热带雨林，有"地球第二肺"之称。据联合国粮农组织的调查，这个热带雨林的面积正在以每年 3 190km^2 的速度减少。乍得盆地位于非洲大陆中北部，面积约 250 万 km^2，属热带干草原气候。北部为干旱荒漠或半荒漠的畜牧业区，南部为湿润热带草原，沙里河和洛贡河流域是重要农业区。澳大利亚大盆地亦称"大自流盆地"，位于澳大利亚大陆中部偏东，面积约 177 万 km^2，是世界第三大盆地。由于盆地基底覆盖着不透水层，地下水从东部多雨受水区流向西部少雨地区并以天然泉涌出地表，每年为澳大利亚提供了 22% 的水源。

中国有四大盆地，分别是塔里木盆地、准噶尔盆地、柴达木盆地和四川盆地。塔里木盆地是最大的内陆盆地，盆地中塔克拉玛干沙漠是中国最大的沙漠，盆地内石油和天然气资源丰富，塔里木油田是中国陆上第二大油田。准噶尔盆地呈不等边三角形状，因年际间多风沙侵蚀，具有魔鬼城之称的"雅丹地貌"就是以这里的风蚀地形而得名。柴达木盆地位于青藏高原之上，海拔2 600~3 100m，是中国地势最高的盆地，因气候干燥、蒸发量大，故区内多盐湖沼泽，是我国重要的岩盐、钾盐等矿藏赋存区。四川盆地是我国形态最典型、纬度最低、海拔最低的盆地。受到中央山系和青藏高原的庇护，这里气候温和潮湿，盆地中蕴藏着丰富的盐、碱及石油、天然气等矿产资源，故称之为"天府之国"。

从前两章可以看出，地球表面的大地地貌基本格架受到地壳运动的制约，呈现出高低错落有致，山岭、高原、盆地、平原和丘陵岗地相间分布的构造格局。由于不同地貌单元之间存在着巨大的地形落差，导致光热水资源分布不均。而正是这种光热水资源的不均匀分布，丰富多彩的生态系统显示出多元性特征（图4－5）。

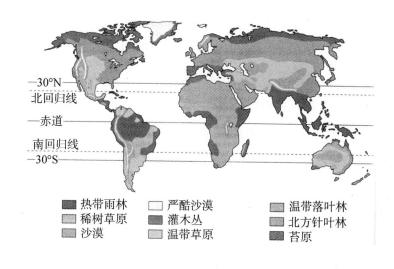

图4－5　世界陆地生态系统的水平分布格局

4.2.3　陆地生态——生物界与无机环境的耦合

生态系统是指由生物群落与无机环境构成的统一整体。英国生态学家，亚瑟·乔治·坦斯利爵士受丹麦植物学家尤金纽斯·瓦尔明的影响，于1935年提出了生态系统的概念。生态系统是一个"系统的"整体，这个系统包括有机复合体和形成环境的整个物理因子复合体……这种系统是地球表面上自然界的基本单位，它们有各种大小和种类，生态系统的范围可大可小，相互交错。生态系统是开放系统，为了维系自身的稳定，生态系统需要不断输入能量，否则就有崩溃的危险。世界上最大的生态系统是生物圈，最为复杂的生态系统是热带雨林生态系统，人类主要生活在以城市和农田为主的人工生态系统中。1940 年，美国生态学家 R. L. 林德曼在对赛达伯格湖进行定量分析后发现了生态系统在能量流动上的基本特点，这也就是著名的林德曼定律。即，在一个生态系统中，从绿色植物开始的能量流动过程中，后一营养级获得的能量约为前一营养级能量的 10%。为了表述方便，我们暂且把陆地生态系统分为森林生态系统、草原生态系统、荒漠生态系统、湿地生态系统以及受人工干预的农业生态系统等。

森林生态系统是陆地生态系统中面积最多、最重要的自然生态系统，是陆地生态系统中最积极最有影响的生态系统。2010 年，全世界森林面积略超过 40 亿 ha，约占世界陆地总面积的 31%。5 个森林资源最丰富的国家（俄罗斯、巴西、加拿大、美国和中国）占世界森林总面积的一半以上。10 个国家和地区已经完全没有森林，另外还有 54 个国家森林面积不到其国土面积的 10%。森林是人类赖以生存的基础，不仅能够为人类提供大量的木材和多种林副业产品，而且森林植物通过光合作用，每天都消耗大量的二氧化碳，释放出大量的氧，这对于维持生物圈的稳定、改善生态环境等方面起着重要的作用。地球上森林生态系统，是陆地上生物总量最高的生态系统，对陆地生态环境有决定性的影响，它的主要类型有四种，即热带雨林、亚热带常绿阔叶林和北方针叶林。世界最大的热带雨林位于南美洲的亚马孙河流域，横越巴西、哥伦比亚、秘鲁、委内瑞拉、厄瓜多尔、玻利维亚、圭亚那及苏里南等八个国家，面积 700 万 km^2，占据世界雨林面积的一半，森林面积的 20%。这里自然资源丰富，物种繁多，生态环境复杂，生物多样性保存完好，被称为"生物科学家的天堂"。

世界草原总面积约 24 亿公顷，占陆地总面积的 1/6，仅次于森林生态系统。在生物圈固定能量的比例中，草原生态系统约为 11.6%，也居陆地生态系统的第二位。草原地区所处的气候大陆性较强，年降水量一般都在 250~450mm，太阳辐射总量高，蒸发量往往都超过降水量。在这种气候条件下，草原生态系统各组分的构成上表现出了一些与之适应的特点，"天苍苍、野茫茫，风吹草地见牛羊"，就是对草原生态环境最形象的刻画（图 4-6）。草原多出现在高原台地之上，分布在沙漠戈壁的边缘或中心区的"绿洲"，是阻止沙漠蔓延的天然防线、生态屏障。世界草原主要分布在欧亚大陆温带，自多瑙河下游起向东经罗马尼亚、俄罗斯和蒙古，直达我国东北和内蒙古等地，构成了世界上最宽广的草原带。北美中部的草原带面积也较宽广。此外，南美阿根廷等地亦有草原分布。世界上主要的大草原有欧亚大陆草原、北美大陆草原、南美草原等。欧亚草原是世界上面积最大的草原，自欧洲多瑙河下游起，呈连续带状往东延伸，经东欧平原、西西伯利亚平原、哈萨克丘陵、蒙古高原，直达中国东北松辽平原，东西绵延近 110 个经度，绵延 8 000 余千米，总面积约 1.5 亿公顷，构成地球上最宽广的欧亚草原区。根据区系地理成分和生态环境的差异，欧亚草原区可区分为 3 个亚区：黑海 - 哈萨克斯坦亚区、亚洲中部亚区和青藏高原亚区。

图 4 - 6　草原景观

陆地荒漠化是我们最不愿意见到的情况。但目前全世界有 1/3 陆地处于干旱或半干旱地区，沙漠及沙漠化土地已占全球土地面积的 35%。其中，非洲沙漠化土地约 16.56 亿公顷，（占世界沙漠化土地的 36.6%），亚洲约有 15.23 亿公顷（约占 33.4%），澳洲有 5.74 亿公顷（占 12.6%），美洲有 7.58 亿公顷（占 17.2%），欧洲最小（约占 0.5%）。撒哈拉沙漠是世界上最大的沙漠，面积约为 900 万 km^2，占据了北非大部分地区，大约有 400 万人居住在这里。撒哈拉沙漠气候由信风带的南北转换所控制，常出现许多极端。它有世界上最高的蒸发率，并且有一连好几年没降雨的最大面积纪录。气温在海拔高的地方可达到霜冻和冰冻地步，而在海拔低处有着世界上最热的天气。

荒漠环境严酷、生物种类多样性低、群落结构简单、自动调节能力差，所以荒漠是个脆弱的生态系统。沙漠地区气候干燥，年降水量多在250mm以下，部分地区如中国新疆的塔克拉玛干沙漠的年降水量在10mm以下。沙漠地区气候变化颇大，平均年温差一般超过30℃；绝对温度的差异，更往往在50℃以上；日温差变化极为显著，夏秋午间近地表温度可达60℃至80℃，夜间却可降至10℃以下。沙漠地区经常晴空艳阳，万里无云，风力强劲，最大风力可达飓风程度。生活在荒漠中的生物既要适应缺水状况，又要适应温差大的恶劣条件。因此，仙人掌类的叶变成了刺，茎变得肥厚多汁；荒漠中的许多动物有昼伏夜出的习性。

湿地是人类最重要的环境资本之一，并与森林、海洋一起并称为全球三大生态系统。按《国际湿地公约》定义，湿地系指陆地、流水、静水、河口和海洋系统中各种沼生、湿生区域的总称。湿地是位于陆生生态系统和水生生态系统之间的过渡性地带，广泛分布于世界各地，拥有众多野生动植物资源，是重要的生态系统。湿地因具有强大的的生态净化作用，而又有"地球之肾"的美名。湿地，在蓄水、调节河川径流、补给地下水和维持区域水平衡中也发挥着重要作用，在时空上可分配不均的降水，通过湿地的吞吐调节避免水旱灾害。湿地通过水生植物净化水质、调节局部小气候，还具有强大的物质生产功能，为珍稀动物提供了栖息地，也是自然界富有生物多样性和较高生产力的生态系统。

据资料统计，全世界共有自然湿地8.558亿公顷（不包括滨海湿地），占陆地面积的6.4%，其中以热带比例最高，占湿地总面积的30.82%，寒带占29.89%，亚热带占25.06%，亚寒带占11.89%。潘塔纳尔沼泽地是世界上最大的湿地，它位于巴西马托格罗索州的南部地区，面积达2 500万公顷。沼泽地内分布着大量河流、湖泊和平原。其中的湿地、草原、亚马孙和大西洋森林都是南美具有代表性的生态系统。除了丰富的植物资源外，沼泽地内还栖息着650种鸟类，230种鱼类，95种哺乳动物和167种爬行动物，以及35种两栖动物。由于潘塔纳尔沼泽地自然条件特殊、生物种类繁多，2000年11月，它被联合国教科文组织列为世界生物圈保护区，同年又被联合国教科文组织列入《人类自然遗产名录》。

所谓的人工干预农业生态系统，是人类将平原、盆地或山地丘陵岗地区原有的生态系统改造成以农牧业生产而建立的全新的生态系统。其主要特点是，人和人所种植的各种农作物、养殖的畜禽是这一生态系统的主要元素。由于生物群落的结构单一，人们必须不断地从事播种、施肥、灌溉、除草和治虫等活动，才能够使农田生态系统朝着对人有益的方向发展。一旦人的作用消失，农田生态系统就会很快退化。因此，可以说农田生态系统是在一定程度上受人工控制的生态系统。

在 1870 年前后世界耕地总面积大约在 6 亿公顷，到 2005 年，世界耕地总面积为 14.2 公顷，约占世界地表总面积的 11%。世界上耕地面积比较丰富的国家主要有美国、俄罗斯、印度、中国、巴西、加拿大、澳大利亚、乌克兰、印度尼西亚和尼日利亚。但目前可耕地面积正以每年 10 万 km^2 的速度流失。而耕地流失的主因是森林砍伐和过度游耕导致的荒漠化。

我国耕地面积排世界第 4 位，据 2009 年 2 月 26 日公布的全国土地利用变更调查结果全国耕地面积为 18.257 4 亿亩，人均耕地不到世界平均水平的一半，有 664 个市县的人均耕地在联合国确定的人均耕地 0.8 亩的警戒线以下。随着我国城镇化、工业化进程的加速，耕地一再受到侵蚀，中国人均耕地面积由 10 多年前的 1.58 亩减少到 1.38 亩，18 亿亩耕地红线岌岌可危。民以食为天，粮以土为本。为了维护国家的粮食安全，国土资源部提出"保 18 亿亩红线"的口号，出台了建设"基本农田保护区"和建设用地"占补平衡"的具体措施。

农业生态系统作为一种人工生态系统，同人类的社会经济领域关系密切，不可分割。大规模的土地开发整治改变了原始生态系统的物质、能量流转方式，农业生态系统的社会性，决定了它不仅受自然规律控制，而且受社会经济规律的支配。如曾经为"不毛之地"的黄泛区，原始的"季节性荒漠化农业生态系统"被彻底改变，3 000 万亩风沙盐碱地已经成为旱涝保收的良田。与同自然生态系统下生物种群的自然演化不同，大量的农用物资包括化肥、农药、农业机械等又作为辅助能量，源源不断地从社会经济领域投入农业系统，可以提供远远高于自然条件下的产量。如自然条件下绿色植物对太阳光能的利用率全球平均约仅 0.1%，而在农田条件下，光能利用率平均约为 0.4%，每公顷 4 500 ~ 6 000kg 的稻田或麦田光能利用率可达 0.7% ~ 0.8%。至于干物质产量，自然草地为 5 ~ 15t/（ha·a），而人工草地（如禾本科牧草）为 10 ~ 20t/（ha·a），麦类 – 水稻多熟制为 18t/（ha·

a），麦类－甘薯多熟制可达 20.1t/（ha·a）。可见农业生态系统比自然生态系统具有较大的高产性能。

农业生态系统的这种特性，决定了物质和能量不断补充投入的需求。然而，近年来"农药残留"等带来的食品安全问题引起社会各界的高度关注，不少专家认为是人类投入过度造成的，尊重自然的话题又开始浮出水面。据国土资源部土地整理中心郧文聚博士介绍，目前在我国全面展开的"高标准基本农田建设工程"就是要在一定程度上恢复原始生态系统的物质、能量流转方式，在基本农田保护区外围留出足够的生态缓冲区和生态走廊，把断裂的生物链连接起来，让生物来帮助实现农业生态系统的生态平衡。

至此，饱受人工干预之苦的农业生态系统似乎已经开始迈出回归自然的第一步，但地球的资源和生态系统已经难以承受 60 亿人民的物质需求，这个问题在相当长的时期内很难得到根本的解决。虽然国际社会已经制定了《联合国气候变化框架公约》，达成了《京都议定书》，并于 2005 年 2 月 16 日正式生效。由于占发达国家温室气体排放约 40% 的美国和澳大利亚没有批准《京都议定书》，即使《京都议定书》所规定的各项目标能够实现，与稳定气候变化的最终目标仍相距甚远。减排效果还有很大的不确定性，国际社会实现稳定气候变化的目标仍然任重道远。

4.3　地球生态平衡的印记——景观生态带

地球的生物圈（陆地）是一个巨大空间区域，由于所处的纬度不同，每个区域都显示出独特的气候形成、地貌动态、土壤发生进程、动植物生活习性，农业、林业作业系统等方面相应的区别十分突出。那么，景观生态是以天空为顶、地表为底，在一定空间范围内之所包含之有机无机、有形无形因子及其之间的互动关系所产生的自然效应组合。而景观生态学的定义可简单地表述为，以异质性景观为研究对象，探讨不同尺度上景观的空间格局、系统功能和动态变化及其相互作用的综合性交叉学科，同时强调空间格局、生态学过程与尺度之间的相互作用。景观生态学起源于欧洲，在理论上注重景观的多功能性、综合整体性、景观与文化的协同，在实践上关注土地利用规划和设计、资源开发与管理、生物多样性保护等领域。1988年，德国亚琛工业大学（地理研究所）尔根·舒尔茨教授首次采用"生态带"这一术语，并随后在他的《地球的生态带》一书中从自然和农业的角度出发，依据区域生态系统的研究方法和成果，划分出地球陆地主要景观生态空间结构的基础单位——生态环境带。

4.3.1 极地、亚极地和北方生态带

极地、亚极地带分布在南北两极地区，总面积2 200万 km^2（其中1 400km^2分布在南极地区），约占地球陆地面积的15%。此带除格陵兰岛和更广泛的近极地岛屿外，有3/4的面积被永久性冰雪所覆盖，因此属于极地冰盖荒漠。根据温度条件和与之相适应的植被，在无冰区能够细分出"极地风化碎石带"和"苔原带"。在极地冰盖气候区，水几乎完全是以固体形式出现，而在冰缘区附近地表的土壤中冰与土壤水之间存在年周期的变化或雪与降雨之间的变换。这里的永久性冻土具有较深的夏季解冻层，与冻融变化相联系的地貌学过程是塑造地形形态的主要地貌营力。由于地球自转轴倾斜的缘故，极地、亚极地带的逐日昼夜变换出现长达半年的从极昼到极夜的变化，漫长的白昼和高比例弥散于天空的漫射光照，不仅支配着热量，也支配着太阳的年周期气候。关于气候波动值方面，通常苔原带最温暖的月份可保持在3~4个月，平均温度在6~10℃，到达极地荒漠带气温可降至2℃以下。这里年降水量在200~300mm，冬季积雪一般不超过20~30cm。有限的积雪仍然可以保护覆盖其下的植物免受深冷的伤害，直到来年冰雪消融，阳光直接接触土壤表面使其解冻，冻僵了的生物才得到温度的推动而逐渐进入植被生长期。

在极地、亚极地带，因需要面对短促而又寒冷的植被期，过度潮湿和养分缺乏的土壤、冻裂变形和泥流破坏等恶劣环境，只有少数植被类群能够生存。在寒冷而又干旱的区域以地衣类、极端矮小的硬叶型和石楠类矮灌丛占优势，背风洼地（或叫积雪区域）可出现苔藓苔原、积雪小谷地群落，在潮湿环境可形成柳灌丛群落、低地泥潭草甸或称草甸苔原。但初级生产量极低，年每公顷只有1~2t，最高年每公顷4t，是地球上所有湿润地区初级生产量最低的地方。对于生产性能

低下的解释是，苔原植物属于敏感类群，这些矮小的灌丛树龄可达 100～200 年，在一次损害干扰后完整地再恢复需要很长时间。而苔原区驯鹿、麝香牛、旅鼠、野兔、雪鸡、雁鸭等草食类动物的取食加快了有机物的分解，并由此产生一种肥料效应，如同这里的动物依赖于植物生存一样，植物反过来需要动物界维护土壤矿物质循环。

由于南极地区周边为广阔的海洋，北方生态带只发生在北半球的加拿大、美国阿拉斯加、斯堪的纳维亚、俄罗斯北部和西伯利亚等地区，总面积接近 2 000 万 km^2，约占地球陆地面积的 13%。该区域年平均温度≥5℃的植被期月数为 4～5 个月，平均温度≥10℃出现月数为 1～3 个月，年平均降水量为 250～500mm，在植被生长期间，光照条件以昼长夜短至永昼无夜为主。上述的条件下，广泛保存了以常绿针叶林和森林苔原等地带性植物群系。北方带可细分出靠近亚极地的森林苔原、中部的开阔地衣森林和南部的郁闭针叶林，其中还分布有约占北方带面积 10% 的泥潭沼泽地。整个高纬度地区约占全球陆地面积的 1/6，而固定在土壤有机质中碳储存量达 445～750Gt，占全球现有储存量的 1/3，考虑到全球的碳收支平衡，保护北方森林与保护热带森林是同样重要。

4.3.2 湿润与干旱交织的中纬度生态带

中纬度带分成湿润的和干旱的两个生态带，大致处于西半球的纬度 40°～60°，东半球的纬度 50°～35°之间。其中，湿润中纬度带大范围分布在北半球的北美和欧亚大陆的东西两侧，在南半球的南美洲、澳大利亚、新西兰等以有小范围分布。总面积 1 450 万 km^2，约占地球陆地面积的 9.7%。湿润中纬度带的热量条件可看作属于温和的或温暖的类型，年降水量在 500～1 000mm，各地平均温度接近 6～12℃，故以流行的气候名称可称之为凉温带气候或与植被相联系成为温带雨林。按照气候特征的湿润中纬度带总体应为自然森林地带，但由于人口密集，曾经存在的北半球自然森林遭受到过度砍伐、火烧式的开垦及畜牧业开发，几乎遭受到毁灭性的破坏，只有不具备农业及畜牧业价值的地方以经济林取代自然林。

干旱中纬度带的最大地域分布在欧亚大陆和北美的中西部，面积 1 650 万

km^2，约占地球陆地面积的 11.1%。干旱中纬度带按照内部的干燥程度与之相适
应的植被群系，又可细分为植被期降水量达到 100mm 的森林草原、高原草原、
混合草原或旱作农业（小麦）区，植被期降水量小于 100mm 的区域为半荒漠的
干旱草原、贫杂类草草原，降水量 50mm 以下的只能发育荒漠草原或沙漠绿洲。
地球上的干旱地带（包括热带、亚热带沙漠）都是农业生产收益低微之地。以农
艺学的干旱界限，年降水量在 250～350mm 适宜粗放的牧业生产，350～750mm
的可用于种植型旱作农业。而几乎干旱中纬度带的草原全部都被人类用于牧场或
种植业经营，原本成群的大型食草类动物濒临绝境。可以说，干旱草原的原始生
态系统为人类的营养供应特别是对偏远地区的奉献做出了极大的牺牲。

4.3.3 终年与冬季湿润的亚热带生态带

地中海式的冬季湿润亚热带是世界上最小的生态带，总面积 250 万 km^2，约
占地球陆地面积的 1.7%，且呈离散分布在南北半球 30°～45° 之间的 5 个相互孤
立的区域。即地中海地区、北美圣弗朗西斯科、南美圣地亚哥、南非开普敦和澳
大利亚南部。每当夏季受到副热带 - 热带边缘高压的影响，辐射和干燥天气占主
导地位。冬季则相反，随着辐射和气压带的位移而穿插发生中纬度带气旋天气，
随之与锋面有关的天气条件改变了降水量（同常年均降水量向极地方向增加），
最大降水量可达 800～900mm。干旱期的夏季雨量稀少，但平均温度在 18～
20℃，只有在远达内陆的地中海地区才会出现炎热的夏天。这样的环境为冬季湿
润的亚热带特征性的硬叶高位芽植物适宜的分布范围，在人类入侵之前这里原本
可能以常绿硬叶林占优势，随后向禾草草原或灌丛草原退化。

终年湿润亚热带的分布亦呈离散状态，所处位置在南北半球 25°～35°，如北美
的新奥尔良、南美的布宜诺斯艾利斯、南非的西南海岸、中国的秦岭以南至日本的
东京到琉球群岛，还有澳大利亚的布里斯班到新西兰的北部，总面积 600 万 km^2，
约占地球陆地面积的 4%。终年湿润亚热带气候具有东西不对称性雨季风效应，
尤其是夏季，热低压和季风槽、含水汽的海洋汽团从东移向内陆，对流过程经过
大陆能够形成强烈的降水，随着与沿海距离的拉大而汽团变得干燥，降水活动逐
渐减少。冬季降水与冷空气入侵有关，在北半球冷空气来自于极地地区的冷高

压，并以降雪的形式出现但无积雪覆盖。终年湿润亚热带气候比较温和，很少发生霜冻现象，植物休眠期不明显。因此，潜在的天然植被存在于沿海地带或迎风坡面的亚热带雨林。随着降水量的减少，从最初的常绿湿润森林或常绿月桂型林向阔叶落叶季风林或干旱林转化，有些地方（阿根廷的潘帕高原）可能出现高原草原带取代森林的地带。终年湿润亚热带所包含的大多数地区属于人口密集、经济高度发达的区域，自然生态景观遭受到强烈的挤压和扼制，并为文化景观所取代。

热带–亚热带干旱带类似于干旱中纬度带，除包括荒漠与半荒漠地外，还包括与之相邻的雨量较多的半干旱过渡地区。与热带之间的过渡为夏季湿润的多刺草原和多刺稀疏草原，与亚热带过渡的是冬季湿润禾草草原或灌木草原。热带–亚热带干旱带分布广泛，如北非、中东、澳大利亚中部和南非、南北美洲东南部内陆，总面积 3 100 万 km^2，约占地球陆地面积的 20.8%。这里的荒漠地带年降水量在 100 ~ 125mm，半荒漠–稀树草原地带年降水量在 200 ~ 250mm。干旱和植被贫乏有利于沙漠化的进程，热带–亚热带干旱带有 3/5 的区域被荒漠或半荒漠所占据。

4.3.4 终年与夏季湿润的热带生态带

夏季湿润热带延伸至赤道附近的雨林和南北回归线附近的中美洲加勒比地区、南美洲中部、非洲的达喀尔–喀什穆以南、印巴次大陆和中南半岛一带，总面积大约为 2 500 万 km^2，约占地球陆地面积的 16.0%。夏季湿润热带常称为干旱交替的热带，全年平均温度在 18℃，雨季开始达到最高值 40℃，冬季干旱期可持续 2.5 ~ 7.5 个月，雨季的几个月份中年降落的雨量为 500 ~ 1 500mm。夏季湿润热带植被群系被概括在稀树草原的大概念之下，如乔木稀树草原、灌木稀树草原、禾草稀树草原，相应的稀树草原气候作为这个区域的的通用同义词。根据雨季的持续期和平均年生产率可将其划分为"干旱稀树草原地带"和"湿润稀树草原"，英语地区广泛使用的名词为干旱富营养萨旺纳群落和湿润贫营养萨旺纳群落。禾草层密闭是这一区系的特征，而与此相反的从无草林地到有稀疏林木多由于火灾、伐木、放牧导致的后果，不存在非生物区位因素的关联。丰富的昆虫区系和蜘蛛类区系是这一生态带的特征，尤其是白蚁铸就的密集成群的巢穴成为该区的一大景观。爬行类、哺乳类和鸟类的个体数量也相当丰富，在非洲的稀树草原许多地方保存有极其独特的野生生物世界。

终年湿润热带主要分布在赤道附近，可延伸至冬季信风或季风降雨可到达的地区（超过南北纬度20°），如南美洲北部、非洲中部及东南亚地区，总面积合计达1 250万km²，约占地球陆地面积的8.4%。终年湿润热带气候，是一种独特的全年连续的一致性为特征，尤其在赤道附近形成一个无明显季节的地带。这里一年到头日平均气温为25～27℃，温度日变化值大于年波动值，故又有温度的和太阳能的"日周期性气候"之说。这里年降水量在2 000～4 000mm，每年有两次（发生在4月和8月）季节性降水高峰（双雨季），但缺少降水的月份极少超过3个月，植物因此可能全年持续生长，具有代表性的地带性植物群系是"常绿热带低地雨林"。热带雨林具有巨大的物种丰度，超过1/3的全球所有已知的植物物种都属于热带雨林区系，还有高物种的多样性、植物群落的高密度、叶覆盖的多层性，因此热带雨林的初级生产量超过所有其他地带的植物群系。由于热带雨林生境较稳定、食物供应异常之高，动物物种的丰度可能超过植物物种丰度，特别是对陆生变温爬行动物、两栖动物和不能控温的爬行类来说，外部恒定的温、湿度环境条件是非常有益的。

从地壳构造运动控制下的大地地貌格局，到地貌格局影响下的气候分带，区域景观生态的形成是地球内外动力相互作用力在表层的自然显现。而自从人类出现以后，作为生产者的自然界与消费者的生物界，和维持生产与消费平衡的生态环境之间的物质迁移、能量转换、生态演替过程发生着重大变化。地球的原始生态景观系统正在消失，生态系统的多元性和生物界的多样性正向演替正在发生逆转。如今的天空已不再像当初那样的莹莹之蓝，水也不再有当初那么的灵灵之清，河流在收拢肢体、森林在萎缩身躯，雾霾不时地降临人间、封锁大地，犹如重病缠身的地球在颤动、在呻吟……

4.4 生态环境恶化——正在失去平衡的地球

迄今为止，地球已经度过了漫长的 46 亿年的演化历程。历经水与火的洗礼、断山裂海的考验，在地貌更新、催生矿床、萌发生命的同时，为迎接人的到来准备了充足的资源、缔造了优越的生态环境。可以毫不夸张地说，生我们人类者是地球，养我们人类者还是地球。人类像偎依在母亲身旁、贪婪地吮吸着母亲乳汁的孩子一样，在地球的怀抱里无忧无虑地度过了上百万年。在这短短的百万年里，人类逐渐成为继恐龙种群之后的地球第二任"霸主"，人类毫无顾忌地对地球的肆意索取，致使地球的环境走向逆向演替的不寻常之路，资源接近枯竭、生态系统正在失去平衡。基于遵循系统整体优化、循环再生和区域分异的原则，为合理开发利用自然资源、不断提高生产力水平、保护与建设生态环境提供理论方法和科学依据，国际学术界所关注的景观生态系统研究，就是要探求合理利用、保护和管理的途径与措施，解决发展与保护、经济与生态之间的矛盾，促进生态经济可持续发展。

4.4.1 大气污染引起的温室效应问题

近年来，有一些地质学家面对长达 2 亿年之久的恐龙时代沉积岩层由黑灰向赤红的色彩更替，提出了温室效应导致恐龙物种灭绝的假说。这种假说依据河南义马侏罗系煤系地层与河南伏牛山区富含恐龙化石的白垩系红色岩层相对比而得出。巨厚煤层的产生需要有温暖潮湿的气候、适宜的大规模林木繁衍，而侏罗系义马组黑灰色的岩层恰恰证实了当时优良的生态环境，银杏类、松柏类、苏铁类、真蕨类、楔叶类、木贼类、双壳类、苔藓类等古生物极为繁盛，被地学界誉为"义马植物群"。而进入白垩纪，强氧化环境下形成的大片赤红岩层昭示着气候由温暖潮湿向炎热干燥的突变，岩层中难以发现植物化石的碎片，随之而来的是山洪裹挟泥沙所覆盖的恐龙与恐龙蛋化石群。有人戏称，河南西峡白垩纪红层盆地"铺天盖地"的恐龙蛋化石说明，就是恐龙族群的大量繁殖超出环境承载力，恐龙排放的肢体废气（放屁）污染大气层导致温室效应，食物短缺、山洪频发环境灾难使恐龙走向灭绝。这种观点虽然称为"戏说",但仔细分析还是有一定道理的。自工业革命以来,由于现代化工业社会燃烧过多的矿物质燃料,排放大量的二氧化碳气体进入大气层,所产生的一系列环境问题与恐龙濒临灭绝的时代惊人的相似。

地球"发烧"了。二氧化碳气体具有吸热和隔热的功能,它在大气中增多的结果是形成一种无形的玻璃罩,使太阳辐射到地球上的热量无法向外层空间反射,其结果是地球表面变热,大气的温室效应也随之增强。如果我们继续现在的生活方式,到2100年全球气温将有50%的地区可能会上升4℃多。同时,英国《卫报》表示,气温如果这样升高就会打乱全球的生态平衡,"厄尔尼诺现象"发生的频率越来越频繁,导致全球性的气候反常,大面积渔场受灾,太平洋东岸洪水成灾、西岸容易出现森林火灾而一发不可收拾。

雨水变酸了。煤、石油、天然气等化石燃料燃烧后产生的硫氧化物或氮氧化物,在大气中经过复杂的化学反应,形成硫酸或硝酸气溶胶,或为云、雨、雪、雾捕捉吸收,降到地面成为酸雨。大气污染对工农业生产的危害十分严重,酸雨可以直接影响植物的正常生长,又可以渗入土壤及进入水体,引起土壤和水体酸化、有毒成分溶出,从而对动植物和水生生物产生毒害。

臭氧层出现了空洞。破坏臭氧层的"罪魁祸首"是氯氟烃,它被广泛用作电冰箱、空调器的制冷剂,家用喷雾剂,制造泡沫塑料材料的发泡剂,电脑工业的净化剂,机械工业的推进剂等。1984年科学家首次发现南极上空出现了"臭氧空洞",1992年发现臭氧层的破坏已从极"帽"向人口稠密中纬度地区蔓延。科学家证实,大气中臭氧每减少1%,照到地面的紫外线即增加2%,皮肤癌发生率增加4%。紫外线的增加,还会抑制农作物及其他植物的生长,损害海洋生物,破坏海洋食物链,同时加剧"温室效应",导致世界平均气温继续上升,海平面增高,沿海城市被淹,土地沙漠化。

冰盖、冰川在消融。2012年3月16日联合国环境规划署发表声明,全世界冰川融化速度创下历史最快纪录,非洲肯尼亚山冰川失去了92%,欧洲的阿尔卑斯山脉在过去一个世纪已失去了一半的冰川。占世界冰储量91%的南极冰盖,自1998年以来占总面积1/7的冰体已经消失。科学家预计,到2050年,全球大约 1/4 以上冰川将消失，到 2100 年可能达到 50%。如果南极冰盖发生崩解会引起全球海平面上升近 60m，如果南北极两大冰盖全部融化会使海平面上升近 70m。那么，所有的沿海地区都将变成汪洋大海，美国纽约只能剩下联合国大厦和几座摩天大楼的楼顶，法国巴黎也许只能看到埃菲尔铁塔的塔顶，而荷兰、英国等几十个低洼国家将不复存在。

4.4.2 森林砍伐带来的生态环境问题

森林是陆地生态系统的主体，地球 2/3 的陆地曾被森林所覆盖，面积达 76 亿公顷，目前估计只剩下 40 亿公顷，每年仍以 2 000 万公顷左右的速度减少。世界上最大的热带雨林区亚马孙平原曾誉为 "地球之肺"，但却并没有因为它所肩负的巨大生态功能而得到人类的厚爱。1970 年，巴西总统为了解决东北部的贫困问题做出了一个最可悲的决策，开发亚马孙地区。这一决策使该地区的森林被毁掉了 11 万 km^2，巴西的森林面积同 400 年前相比，整整减少了一半。

森林是维护生态平衡的关键，林地树冠是把天然的大雨伞，可以截留 10% ~ 20% 雨水，能够阻挡地表径流 50% ~80% 的雨水。喜马拉雅山南山坡的树木被砍完后，限制了这个分水岭的蓄水能力，现在孟加拉国遭受大水灾的概率提高了 2 倍，30 年前印度受洪水侵袭的区域面积整整扩大了 1 倍。另外，森林的减少将减少吸收二氧化碳的生态环境基础，加速全球气温升高。森林资源的破坏还使物种资源受到严重的威胁，有的物种已灭绝。据估计，目前世界上已有 2.5 万个植物种灭绝，并以每天减少大约 100 种的速度走向灭绝。

土壤是地球生态系统的一个重要环节。它既是供给植物生长发育的水、肥、气、热的主要源泉，又是自然界各种物质和能量的转化场所。第二次世界大战以来，土地严重被侵蚀，全世界 10% 以上的耕地发生不同程度的退化，12 亿公顷的陆地面积受到影响，相当于印度和中国国土面积的总和。从百分比看，中美洲耕地退化的情况最为严重，24% 以上的耕地受影响；欧洲为 16% 以上；非洲为 15% 左右。从面积看，亚洲退化的耕地最多，包括俄罗斯乌拉尔以东地区在内，总计为 4.5 亿公顷。全世界大约有 900 万公顷的耕地已完全被毁，不可能恢复利用；另有大约 3 亿公顷的耕地，只有通过国际上提供的财政和技术援助才能重新利用。土地遭到侵蚀的情况在发展中国家更为严峻。据估计，发展中国家由于土壤侵蚀，每年大约损失农业用田 400 万～500 万公顷，每年流失土壤 230 亿 t。在世界人口不断增长的态势下，若耕地继续退化，必将发生粮食危机。

1996 年 6 月 17 日第二个世界防治荒漠化和干旱日，联合国防治荒漠化公约秘书处发表公报指出：当前世界荒漠化现象仍在加剧。全球约有 12 亿人受到荒漠化的直接威胁，其中有 1.35 亿人在短期内有失去土地的危险。荒漠化已经不再是一个单纯的生态环境问题，而且演变为经济问题和社会问题，它给人类带来贫困和社会不稳定。到 1996 年为止，全球荒漠化的土地已达到 3 600 万 km^2，占到整个地球陆地面积的 1/4，相当于俄罗斯、加拿大、中国和美国国土面积的总和。全世界受荒漠化影响的国家有 100 多个，尽管各国人民都在进行着同荒漠化的抗争，但荒漠化却以每年 5 万～7 万 km^2 的速度扩大，相当于爱尔兰的面积。20 世纪末，全球损失约 1/3 的耕地。在人类当今诸多的环境问题中，荒漠化是最为严重的灾难之一。对于受荒漠化威胁的人们来说，荒漠化意味着他们将失去最基本的生存基础——有生产能力的土地的消失。

4.4.3　环境污染带来的水资源问题

随着工业进步和社会发展，水污染亦日趋严重，成了世界性的头号环境治理难题。人类的活动会使大量的工业、农业和生活废弃物排入水中，使水受到污染。目前，全世界每年约有 4 200 亿 m^3 的污水排入江河湖海，污染了 5.5 万亿 m^3 的淡水，这相当于全球径流总量的 14% 以上。同时，由于人口增长和经济发展所导致的人均用水量的增加，在过去的三个世纪里，人类提取的淡水资源量增加了 35 倍，1970 年达到了 3 500km^2，20 世纪的后半叶，淡水提取量每年增加 4%～8%。联合国数据显示，有 7.8 亿人没有足够的方法得到安全饮用水。据经济合作与发展组织的 2030 年"环境前景报告"，到 2030 年，世界上 47% 的人将生活在用水紧缺的地区。

广阔众多的湿地具有多种生态功能，蕴育着丰富的自然资源，被人们称为"地球之肾"、物种储存库、气候调节器，在保护生态环境、保持生物多样性以及发展经济社会中，具有不可替代的重要作用。2012 年 10 月，在印度城市海德拉巴召开的联合国生物多样性会议上发布的一份报告显示，过去100年中全球大约半数湿地遭破坏，沿海湿地以每年1.6%的速度消失，红树林以每年1%的速度消失。一些分析人士担心，未来的战争会是争夺蓝色黄金的战争，干渴的民众、投机的政客以及强大的企业会为争夺日益减少的水资源而战。博鳌亚洲论坛理事长拉莫斯曾经断言，第三次世界大战可能是因为争夺淡水资源，而不是因为恐怖袭击。而根据情报机构和研究组织的一系列水资源调查报告也表明，在西亚和北非等一些干旱和半干旱地区，水贵如油，各国在跨国河流和地下蓄水层开发利用上的矛盾往往十分尖锐，有时甚至引发军事上的对峙，成为国际冲突的导火索。

几百万年以来，人类的祖先在这个蓝色的星球与环境和谐共处，地球用她丰富的资源养育着一代又一代的人们。可是现在，短短百十年间，人类为了经济发展严重地破坏了自然环境。水、空气、土地被污染，森林被大片砍伐，动物的栖息地遭受破坏，陪伴了人类几百万年的物种一个个灭绝，连人类自身的食物也遭遇前所未有的危机。所以爱护地球是每个公民应尽的义务。世界各地有

图4-7 爱护地球宣传图

许多从事环境保护的组织，爱护地球组织（图4-7）就是其中之一，它是一个从事生态环境保护的公益性民间组织。它的使命是联合所有热心和支持环保的有志之士，为遏制日益恶化的生态环境，保护人类赖以生存的地球环境而努力。

我们引用灵武市台子小学四年级王佳小朋友的一段话与读者共勉：

在茫茫的宇宙中，有一颗璀璨的明星，那就是人类美丽的家园、动植物的栖息地——地球。

地球是美丽的，我们应当爱护它。

我想，如果不积极地保护动植物、水、土壤、空气，世界会变成什么样子呢？那时候我们再也看不到蓝天，再也喝不到纯净的水，再也吃不到新鲜、绿色、有营养的蔬菜了。

在我们还能为保护环境尽一份力的时候，让我们自觉保护自然环境，保护身边的净土，让自然灾害再也不要发生，让我们有一个良好的生活环境，学习环境，让噪声变成甜美的音乐。

总而言之，我们要爱护大自然，爱护大自然的每一寸土地，让它变成动植物的乐园。

让我们一起行动起来，从身边的一些细微渺小的事情做起，为保护环境尽一份力吧！

5　蓝色地球

　　1961 年 4 月 12 日，莫斯科时间上午 9 时 7 分，苏联宇航员尤里·加加林身着 90kg 重的太空服、乘坐"东方 1 号"宇宙飞船，从拜克努尔发射场起航，在最大高度为 301km 的轨道上绕地球一周，完成了世界上首次载人宇宙飞行。尤里·加加林，在宇宙空间对着地球惊叹："啊！我们给地球起错了名字，它应该叫作水球，它是个蓝色的大水球！"的确，地球是太阳系中唯一存在巨大水量的星体，宇航员在宇宙空间所见到的蓝色，是因为占地球表面积 71%（大约 3.61 亿 m³）的海洋是连续的整体、相互沟通，而陆地看上去就像是游弋在海洋上的航母编队（图 5-1）。当历史的车轮转动到 2011 年，曾经打造过影史杰作"天·地·人"三部曲的纪录片导演雅克·贝汉及他的团队，用对生命的敬畏完成了一部鸿篇巨著《海洋》。他回溯与记录地球生命的渊源，问责与反思生命最终极的命题，人类该清醒了，是到恢复天蓝蓝、海蓝蓝的时候了。

图 5-1　太空中的蓝色地球

5.1 可敬又可畏的海洋

海洋，那一望无际的蓝色，所蕴含的生物、矿物、可再生能源及空间资源等都是我们无法想象的，其价值更是无法估量。同时，海洋又是变幻莫测的，如果大范围内海洋和大气相互作用后失去平衡，海洋会大发脾气带来风暴潮、海啸，产生"厄尔尼诺""拉尼娜"等气候异常现象，使全球灾害迭起，人类不得安宁。自古至今，人类对海洋有一种本能的敬畏，而这种敬畏感多来自于"海到无边天作岸"的浩瀚气势、为"海纳百川"的心胸而倾倒，对于生活在地球上的芸芸众生而言，除了沉浸于人潮汹涌、车流如织的"钢铁丛林"当中挣扎，是否还有对海洋的一丝依恋？一位中国的小朋友在作文中写道："现在已经是21世纪了，以后我们的房子也会建在海底，将来的车子也会在海底开的，海洋是我们的另一个家。"研究未来学的科学家们也把21世纪作为海洋经济世纪，历史将再次证实2 500年前古希腊海洋学者狄米斯托克利的预言——"谁控制了海洋，谁就拥有世界。"

5.1.1 孕育生命的羊水，滋润生命的乳汁

目前学术界普遍认为，生命起源于海洋。在地球形成之初，地球上氧气稀少，大气中也是没有臭氧层的，这样就无法阻挡太阳光中对生命有害的紫外线，但是广袤的海洋吸收、散射了大部分紫外线，并为生命的成长、繁衍提供了必不可少的条件，所以最早的生命只能在水中生存，直到大气中的氧气和臭氧含量都达到了一定的程度以后，生命才勇敢地走向陆地、飞向天空。科学家们依据掌握的资料，勾勒出生命演化的轨迹图：当地球的陆地上还是一片荒芜时，咆哮的海洋中开始孕育最原始的细胞，并由原始细胞逐渐演变成为厌氧的细菌、蓝藻等低等的原始生物；原始藻类的光合作用产生了氧气和二氧化碳，为生命的进化准备了条件——大约6亿年前，原始水母、海棉、三叶虫、鹦鹉螺、蛤类、珊瑚等海生无脊椎动物出现；大约在4.3亿年前的海洋中出现了脊椎动物——鱼类；3.5亿年前海洋动物开始爬向陆地进入两栖动物时代；2.3亿年前爬行类、两栖类、

鸟类出现了；6 700 万年前地球的生物界进入哺乳动物时代，人类出现的历史则不超过 500 万年。

蓝色的海洋对地球气候的变化起着举足轻重的作用，太阳落在地球上辐射能量的 80% 被海洋吸收，海洋释放的热量同时也影响着大气的运动，在赤道附近的海域，大气受热上升向南北两极运动，形成大气环流。气候形成的主要因子有太阳辐射、大气环流、下垫面状况以及人类活动。大气环流通过环流的纬向分布影响气候的纬度地带性，而且还通过热量和水分的输送，扩大海陆和地形等因子的影响范围，破坏气候的纬度地带性因子，在气候形成中起着重要的作用。太阳辐射在地表的分布主要决定于太阳高度角，太阳高度角随纬度增高而递减，不仅影响温度分布，还影响气压、风系、降水和蒸发，太阳辐射是气候带形成的基本因素，全球气候划分为热带、南温带、北温带、南寒带、北寒带 5 个气候带。

风和蓝色海洋不断地把热量从低纬度地区送往高纬度地区，实现这一过程的动态平衡。这就是形成热带、温带和寒带气候的主要原因。地球上的气候现象，如风、云、雨、雪、冰雹等主要是由于海洋在接受太阳能辐射后，温度升高，水汽蒸发上升，湿润的热空气会飘向冷空气区域，地球不同地区冷热空气的流动和相互作用，形成了各类气候现象。

海洋每年约有 50 万 m^3 的海水在太阳辐射作用下被蒸发，而每年陆地平均年降水量近 10 万 km^3，比陆地蒸发量还多出 3.5 万 km^3，这就是海洋赐给大地使万物生长的生命水。从海洋或陆地蒸发的水汽上升凝结后，又作为雨或雪降落在海洋和陆地上，水在重力的作用下，或沿地面注入河流，或渗入土壤形成地下水，最终注入海洋，从而构成了地球上周而复始的水文循环。海洋和大气的相互作用，主宰着我们这颗星球的气候，关系到生物与人类的生存和发展。有资料显示，地球上生物资源的 80% 以上在海洋，其中动物 18 万种，蕴藏量达 325 亿 t，在不破坏水产资源的条件下每年最多可提供 30 亿 t 水产品；海洋中分布着 2 万种植物，总量达 17 亿 t，人们在海洋中若繁殖 1 公顷水面的海藻可加工获得 20t 蛋白质，相当于 40 公顷耕地每年所产大豆蛋白质的含量。仅近海领域生长的藻类植物加工成食品，年产量相当于目前世界小麦总产量的 15 倍。海洋是人类的蓝色粮仓，只要科学合理地开发大海就不会让人类挨饿。

美国一位海洋问题专家形象地说:"海洋生物犹如一个可提供有关健康问题解决办法的咨询中心。"目前,从海洋动物、植物及微生物中已分离获得新型化合物1万多种,其中50%以上具有抗肿瘤、抗菌、抗病毒、抗凝血等药理性活性。这些递进型化合物为药物设计提供了宝贵的分子模型,为海洋药物的开发提供了重要的基础。海参是一种含有高蛋白的名贵海味。然而,大家可能没有想到,有几种海参会释放出一种毒素,这种毒素具有抑制肿瘤的作用;牡蛎,十分鲜美可口,不过它更大的价值却是由于含有一种抗生素,这种抗生素具有抗肿瘤作用;从鲨鱼血清内提取的一种免疫球蛋白,对癌细胞具有明显的抑制作用;从马尾藻科和海带科的海藻中,可提取出褐藻胶,用其制作的代血浆,浓度低、黏度高、与血型无关,特别适合于紧急情况下的救护,无需验血;褐藻胶对核爆炸释放出来的放射性物质锶,有独特的排出作用,故为军事医学专家所青睐。

5.1.2　取之不尽的可再生资源

在地球上约存在着14亿km^3的海水,在这些海水中约溶解有5×10^{16}t化学元素,平均$1km^3$的海水中就要含有3.57×10^9t吨化学物质,若是把这些物质全部提取出来堆放在陆地上,将会使地面升高1 500m。海水中溶解的物质主要是盐,世界海洋的平均含盐量约2.5%,而世界大洋的总盐量约为4.8亿t,假若将全球海水里的盐分全部提炼出来,均匀地铺在地球表面上,便会形成厚约40m的盐层。

海洋矿产开发中最重要的组成部分是海洋油气的开采,其中石油资源约1 350亿t,如果将天然气折算为石油储量,则世界大陆浅海区石油储量为2 400亿t。已开发利用的滨海沙矿主要有金刚石、金、铂、锡等金属、非金属、稀有和稀土矿物等数十种。除以上资源外,海洋中还有多种金属、重水以及可燃冰等资源。

大洋多金属结核总储量达3万亿t,单是太平洋底就有1.5亿km^2的锰结核约1.7万亿t,其中含镍量就有164亿t(可供世界消费2.5万年),铜88亿吨(可供使用1 000年);钴58亿t,是陆地上储量的960倍(可供使用34万年);含锰最多达4 000亿吨,是陆地上储量的67倍(可使用1.8万年)。令人兴奋的是海底的多金属结核还可以自然增生，每年全球海洋中这种矿石的生长量约为1 000万t，是一种"可再生资源"，只要科学合理地开发、利用，就可使其"取之不尽、用之不竭"，为人类可持续发展提供重要的物质保证。

重水和普通水都是由氢和氧化合而成的液体化合物，从化学组成上重水和普通水没有什么两样。所不同的是，组成重水的氢原子是氢的同位素氘。氘的原子核内除了一个质子外，还比普通氢原子多了一个中子，因此氘原子的质量要比氢原子大一倍，氘又被称为重氢。由氘和氧原子生成的化合物就叫重水，组成重水的氘是一种具有强大威力的能源。氘的发热量是同等煤的200万倍，一座百万千瓦的核聚变电站每年耗氘量仅为304kg。据估计，海水中约含有200亿t重水，海水中的氘有45万亿t。铀在海水中的储量十分可观，相当于陆地总储量的4 500倍，按燃烧发生的热量计算，至少可供全世界使用1万年。

可燃冰是一种被称为天然气水合物的新型矿物，在低温、高压条件下，由碳氢化合物与水分子组成的冰态固体物质，能像酒精块一样被点燃，所以被科学家和企业人士称为"固体瓦斯"。在海底形成的冰层相当于161万亿t油当量，若将这些气体全部释放出来，相当于目前已知全球天然气总量的487倍。据测算，仅中国南海的可燃冰资源量就达700亿t油当量，约相当于中国目前陆上油气资源量总数的1/2。在世界油气资源逐渐枯竭的情况下，可燃冰的发现又为人类带来新的希望。

海洋中除石油、天然气、煤、铀、氘、氚等能源外，还有潮汐能、波浪能、温差能、盐差能、海流能等，用这些能源发电，有一个显著优点，就是不需燃料，不污染环境，而且取之不尽，用之不竭。这些能源理论蕴藏量折合电力为1 528亿kW，可开发量为73.8亿kW，其中波浪能27亿kW、盐差能26亿kW、温差能20亿kW、海流能为0.5亿kW。据计算，我国潮汐能蕴藏量约有1.1亿kW，年发电量可达900亿kW·h。相当于7个葛洲坝电站的动力。由于这些能源具有可再生性、永恒性、无污染、分布广、数量大等优越性，许多国家都投入大量人力、物力、财力进行研究与开发。从目前水平看，海洋能之中的潮汐能开发技术最成熟，已接近实用化并具有一定的商业竞争能力。不少国家已建成一定规模的潮汐能电站，如法国朗斯潮汐电站、俄罗斯基斯洛潮汐电站、我国的江夏潮汐电站等。波浪能技术也取得很大进展，日、美、英、加拿大等国进行过国际合作波能发电实验，挪威曾建造 500kW 和 350kW 的波能电站，我国也已在导航灯标上推广使用小型波力发电装置。海洋温差发电、海流能和盐差能的研究与开发尚待进一步加强。

现在对人类最大的威胁是水资源的短缺。全球 60% 的地区，约占全世界人口总数的 40% 的 80 个国家和地区面临供水不足的问题，"海水淡化"是人类最大的希望。目前已有 70 多个国家和地区进行海水淡化技术开发研究，其中科威特、沙特阿拉伯、美国、日本等都把淡化海水作为解决淡水不足的主要办法，特别是科威特的淡水几乎全由海水淡化供应。海水淡化除过去主要采用的蒸馏法以外，利用渗透膜和分离膜淡化以及太阳能蒸馏法亦显示出美好的前景。海洋中还有丰富的淡水资源，那就是漂浮在两极海洋中的冰山。目前科学家们正在考虑利用南极海域得天独厚这种纯净淡水源，来解决这些地区的用水问题，一旦这一设想付诸实现，取之不尽、用之不竭的冰山将会给人类带来巨大的福音。

5.1.3 高深莫测的自然之谜

"厄尔尼诺"一词来源于西班牙语，原意为"圣婴"。19 世纪初，在南美洲的厄瓜多尔、秘鲁等西班牙语系的国家，渔民们发现，每隔几年，从 10 月至第二年的 3 月便会出现一股沿海岸南移的暖流，使表层海水温度明显升高，性喜冷水的鱼类就会大量死亡，使渔民们遭受灭顶之灾。由于这种现象最严重时往往在圣诞节前后，遭受天灾而又无可奈何的渔民将其称为上帝之子——圣婴。厄尔尼诺又称厄尔尼诺海流，是太平洋赤道带大范围内海洋和大气相互作用后失去平衡而产生的一种气候现象。当这种现象发生时，太平洋海域大范围的海水温度可比常年高出 3~6℃，导致全球性的气候反常。据气象历史资料显示，在 75% 的厄尔尼诺年内，中国夏季雨带位置常在江淮流域。受厄尔尼诺影响，中国长江以南的降雨带会比常年偏多，次年南方易出现洪涝。近百年来发生在中国的严重洪水，如 1931 年、1954 年和 1998 年，都发生在厄尔尼诺年的次年。中国 1998 年夏季长江流域的特大暴雨洪涝就与 1997 至 1998 年厄尔尼诺现象密切相关。那一年被称为 20 世纪最强烈的"厄尔尼诺"现象。

　　"拉尼娜"在西班牙语中是"小女孩、圣女"的意思,是厄尔尼诺现象的反相,指赤道附近东太平洋水温反常下降的一种现象,表现为东太平洋明显变冷,同时也伴随着全球性气候混乱。因总是出现在厄尔尼诺现象之后,拉尼娜也称反厄尔尼诺现象。厄尔尼诺和拉尼娜是赤道中、东太平洋海温冷暖交替变化的异常表现,这种海温的冷暖变化过程构成一种循环。拉尼娜现象出现时,登陆我国的热带气旋个数比常年多,出现"南旱北涝"现象;印度尼西亚、澳大利亚东部、巴西东北部等地降雨偏多,而非洲赤道地区、美国东南部等地易出现干旱。

　　20世纪60年代末,海洋学家通过计算机的跟踪研究发现,在海洋中到处是漩涡。这些漩涡有大有小,方向各有不同,存在的时间也有长有短。这些漩涡有的呈柱形旋转,从几百米直至几千米的海底一直延伸到海面,甚至带起的水柱高出海面几米到几千米,它们一面以每秒大于20cm的速度旋转,一面迅速向前移动,科学家把这种漩涡称为"中尺度漩涡",其总能量相当于一次中等台风。"漩涡"的旋转方向有顺时针和逆时针两种。顺时针漩涡中心向下沉,下沉的结果使海水向下凹陷形成一个巨大的"凹面镜",当太阳光入射角为60°~75°时照射在一个直径为1 000m的漩涡中,则聚光焦点约为1m,其温度可达几万摄氏度。如果漩涡的直径增大则聚焦点的温度更高,如此的高温,足以使过往飞机、舰船化为灰烬。根据历年发生此类现象的情况分析,大多发生在天气晴朗、海面平静的条件下,因此,为由漩涡引起的"百慕大三角"现象提供了有力的证据。

　　海啸是一种灾难性的海浪,通常由震源在海底下50km以内、里氏震级6.5以上的海底地震引起。破坏性的地震海啸,只在出现垂直断层、里氏震级大于6.5级的条件下才能发生。当海底地震导致海底变形时,变形地区附近的水体产生巨大波动,海啸就产生了。此外,水下或沿岸山崩或火山爆发也可能引起海啸。海啸在海洋的传播速度大约每小时两三百到一千千米,而相邻两个浪头的距离可能远达500~650km,它的这种波浪运动所卷起的海涛,波高可达数十米,并形成极具危害性的"水墙"。一旦海啸进入大陆架,由于深度急剧变浅,波高骤增,可达20~30m,这种巨浪可带来毁灭性灾害。海啸虽然破坏力惊人,但有一种非常奇特的现象,由海底震动产生的海水沿水平方向运动只有遇到陆地阻挡的时候才会出现海浪;在深海当中没有陆地阻挡所以不会产生巨浪,也就没有了海啸。

5.2　变幻无穷的海洋世界

我们通常所说的"海洋"是指地球上广阔而连续、并且环绕在陆地周围的水域的总称。而对于海洋的定义，大部分文献是这样解释的："洋，是海洋的中心部分，是海洋的主体。海，在洋的边缘，是大洋的附属部分"。但从地质学的角度去观察，"海"和"洋"有着完全不相同的含义，也不存在隶属关系。因为，"海"在多数情况下与陆相连，代表大陆板块的水下延伸部分，其构造演化历史与地质时期从属的大陆板块，常说的"沧海桑田"之变就发生在这个部位。而"洋"则代表与大陆板块并列的构造单元（如太平洋、印度洋板块）或将大陆撕裂，孕育新的大洋板块（如大西洋）。大洋可以消减、可以扩张，但不能转化成为"大陆"。地球上陆地和海洋的分布是不均匀的，如果以0°经线与北纬47°纬线的交点和180°经线与南纬47°纬线的交点为两极，可把地球分为以水为主的水半球和以陆为主的陆半球。虽然陆半球集中了全球81%的陆地，但陆地面积仍比海洋小得多，在地球的任何部位海洋都是主体，随着板块运动、大陆漂移和断山裂海事件的发生，陆地和海洋都在不断地更新面貌。

5.2.1　远古的记忆特提斯

2005年10月20日，陪同中科院可可西里科考报道组的前方特约记者高琦发回报道，科考队派出6辆车向西接近冬布勒山与若拉岗日一带。在两座颜色偏黑的山口前，科考队下车寻找一些在超高压下形成的岩石，很快就发现一些绿色的石头，那是一些超基性的火山岩，里面有硬度仅次于钻石的刚玉成分。这里是古特提斯海的最后消亡的位置，就是著名的金沙江缝合带。

金沙江板块缝合带的厘定，证实了在2.8亿年前的早二叠纪时，现在的青藏高原是波涛汹涌的辽阔海洋。这个海横贯现在欧亚大陆的南部地区，与北非、南欧、西亚和东南亚的海域沟通，称为"特提斯海"或"古地中海"。当时特提斯海地区的气候非常温暖，是海生动、植物发展密集的地域。那时特提斯海的南北两侧是被它分裂开来的原始古陆，南边的冈瓦纳大陆包括如今的南美洲、非洲、澳大利亚、南极洲和欧亚大陆，北边的欧亚大陆包括如今的欧洲、亚洲、北美洲。到 4 000 万年前的始新世晚期，印度板块与亚欧板块相撞，导致了剧烈的地壳构造运动，使喜马拉雅地区全部露出海面，特提斯海消亡，宣告了整个高原地区海洋历史的结束。

实质上，早在 1885 年，德国学者 M. 诺伊迈尔提出在中生代存在一个东西向赤道海洋的设想，称为中央地中海。1893 年，奥地利学者 E. 修斯认为中央地中海为一广阔的深海区，改称特提斯。板块构造学说提出后，这一海区被称为特提斯洋。一些学者根据其研究认为，在中南欧一带存在古特提斯洋，而随着劳亚大陆与冈瓦纳大陆相连接这一洋区趋于闭合。新特提斯洋位于古特提斯洋以南，分布于现代欧洲南部、非洲北端、小亚细亚和伊朗南部、中国西藏南部、中南半岛西部和印度尼西亚一带，西端可能包括中美洲加勒比地区。

5.2.2　生于远古发展于现代的太平洋

1519 年 9 月 20 日，麦哲伦率领 270 名水手组成的探险队从西班牙的塞维尔启航，西渡大西洋，他们要找到一条通往印度和中国的新航路。他们顶着惊涛骇浪，吃尽了苦头，到达了南美洲的南端，进入了一个更为险恶的海峡，到处是狂风巨浪和险礁暗滩。此时船队仅剩下 3 条船，队员也损失了一半。经过艰苦航行，船队来到菲律宾群岛时再也没有遇到一次风浪，海面十分平静，饱受了先前滔天巨浪之苦的船员高兴地说"这真是一个太平洋啊！"从此，人们把美洲、亚洲、大洋洲之间的这片大洋称为"太平洋"。

太平洋位于亚洲、大洋洲、美洲和南极洲之间，北端的白令海峡与北冰洋相连，南至南极洲，总面积 17 868 万 km^2，占地球表面积的 1/3，占世界海洋面积的 1/2。太平洋南北的最大长度约 15 900km，东西最大宽度约 109 900km，平均深度 3 957m，最大深度 11 034m，海水容量为 70 710 万 km^3，居世界大洋之首。太平洋，是世界上唯一由完整的海洋地壳构成的大洋板块，自法国地质学家勒皮雄 1968 年提出以来，其范围基本没有大的变动。

据资料显示，在距今 1.9 亿年前，太平洋板块开始形成。以后不断增生扩张。由于太平洋扩张脊的增生扩张和太平洋板块南部没有俯冲消减带，便推动太平洋扩张脊以两倍的速度沿北北东方向快速运动，推挤亚洲板块东北缘并向西潜没于亚洲大陆之下，形成了东亚大陆边缘：北起俄罗斯远东锡霍特阿林—西南日本—我国东南沿海及台湾—菲律宾的安第斯式弧形山系（岛弧链）。岛群外缘有一系列海沟，北有堪察加海沟、千岛海沟、日本海沟，南有东加海沟、克马德克海沟。在太平洋东岸，美洲科迪勒拉山系从北部阿拉斯加起，向南直抵火地岛，除了最北、最南段峡湾海岸的岛群以及深入大陆的加利福尼亚湾之外，海岸平直，大陆棚狭窄，重要海沟北有阿卡普尔科海沟，南有秘鲁 – 智利海沟。而中部是面积宽广的海盆，海水深度一般在 4 570m 左右。

由于东印度洋中脊和大西洋中脊的扩张，使澳大利亚、北美和欧亚板块向太平洋板块汇聚，因此太平洋板块边缘形变和运动非常复杂，是全球构造活动最活跃的地带，全球约 85% 的活火山和约 80% 的地震集中在太平洋地区。太平洋东岸的美洲科迪勒拉山系和太平洋西缘的花彩状群岛是世界上火山活动最剧烈的地带，活火山多达 370 多座，有"太平洋火圈"之称，地震频繁。

5.2.3 大洋的新生大西洋

"大西洋"是汉语固有名词。中国自明代起，在表述地理位置时常习惯以雷州半岛至加里曼丹作为界线，此线以东为东洋，此线以西为西洋。所以中国人常称日本人为东洋人，称欧洲人为西洋人。明神宗时，利马窦来华拜见中国皇帝时用中国方式说，他是"小西洋（当时中国对印度洋的称呼）"以西的"大西洋"人。大西洋古名阿特拉斯海，名称起源于希腊神话中擎天巨神阿特拉斯。传说阿特拉斯住在大西洋中，能知任何一个海洋的深度，有擎天立地的神力。在有些拉丁语的文献中，大西洋也称为 Oceanus Occidentalis，意即西方大洋。1845 年，伦敦地理学会统一定名为大西洋。

按照板块构造理论的解释，大西洋的形成是由大陆板块相对移动产生的张裂而形成裂谷，地幔物质从裂谷处涌出凝结成海岭，地幔物质继续不断地从海岭顶部的开裂处涌出凝结，形成大洋地壳，并向海岭两边推移扩张，使裂谷逐渐发展成大洋。大西洋的形成，大约是从 1.8 亿年前的三叠纪末期开始的。最初先是从北美洲东部与非洲西北部拼连处分裂，出现了中大西洋。到了 1.35 亿年前的侏罗纪末期，中大西洋向北大西洋扩展到格陵兰岛西部，而南美洲与非洲已经裂开，经过6千万年左右的板块张裂运动，南大西洋已发展成一个大洋，而北大西洋又向北延伸，使格陵兰岛与欧洲分离。到第三纪以后，已经形成了与北冰洋相通的S形大西洋，直到现在北大西洋海岭和南大西洋海岭中脊，仍是地幔物质上涌形成新洋壳的地带，说明大西洋还在继续扩展中（图5-2）。

非洲

图5-2　新生的大西洋

如今的大西洋是世界第二大洋。总面积约为9 166万 km²，占海洋总面积的26%。大西洋位于南、北美洲和欧洲、非洲、南极洲之间，呈南北走向，似S形的洋带。南北长大约1.5万 km，东西最大宽度为2 800km。平均深度3 626m，最深处的波多黎各海沟达9 219m。海洋资源丰富，盛产鱼类，捕获量约占世界的1/5以上。大西洋的海运特别发达，东、西分别经苏伊士运河和巴拿马运河沟通印度洋和太平洋，其货运量约占世界货运总量的2/3以上。

5.2.4　撕裂大陆的印度洋

印度洋在古代称为"厄立特里亚海"，最早见于古希腊地理学家希罗多德（前484—前425年）所著《历史》一书及其编绘的世界地图中。而"印度洋"这一名称相对出现得较晚。公元1世纪后期的罗马地理学家彭波尼乌斯·梅拉可能是最早使用此名的人。公元10世纪，阿拉伯人伊本·豪卡勒编绘的世界地图上也使用了这个名字。近代正式使用印度洋一名则是在1515年左右，当时中欧地图学家舍纳尔编绘的地图上，把这片大洋标注为"东方的印度洋"，此处的

"东方"一词是与大西洋相对而言的。1497年，葡萄牙航海家达·伽马东航寻找印度，便将沿途所经过的洋面统称之为印度洋。1570年奥尔太利乌斯编绘的世界地图集中，把"东方的印度洋"一名去掉"东方的"，简化为"印度洋"。这个名字逐渐被人们接受，成为通用的称呼。

印度洋是世界第三大洋，面积约为7 617万 km^2，约占世界海洋面积20%。印度洋位于亚洲、大洋洲、非洲和南极洲之间。平均深度3 397米，最大深度的爪哇海沟达7 450米，海水体积29 195万 km^3。洋底中部有大致呈南北向的海岭。大部处于热带，水面平均温度20～27℃。其边缘海红海是世界上含盐量最高的海域。海洋资源以石油最丰富，波斯湾是世界海底石油最大的产区，是世界经济的石油命脉。印度洋是世界最早的航海中心，其航道是世界上最早被发现和开发的，是连接非洲、亚洲和大洋洲的重要通道。海洋货运量约占世界的10%以上，其中石油运输居于首位。印度洋在世界海洋中的地位十分重要，控制了印度洋，就掌握了世界经济的钥匙。

巴西亚马孙河丛林里一只蝴蝶扇动几下翅膀，3个月后在美国得克萨斯州引发了一场龙卷风，人们通常所说的"蝴蝶效应"在印度洋里闯下大祸！2004年12月26日0时58分55秒，印度洋大地震（或称印度洋海啸、南亚海啸）矩震级达到9.3，引发海啸高达10余米，波及范围远至波斯湾的阿曼、非洲东岸索马里及毛里求斯、留尼汪等国，在印度夺去约1万人性命、斯里兰卡4万余人遇难，而印度尼西亚的死伤人数达23万人之多。据意大利空间技术研究院设在马泰拉的空间技术研究中心得到的数据显示，地震和海啸导致地球的自转轴心自东向西出现平移距离为5～6cm。据美国宇航局地球物理学家理查德·格罗斯报道，在发生地震的瞬间，印度洋底的一个地质板块被另一个所挤压而向下沉，地球的质量向地心集中导致地球自转周期缩短了 $3\mu s$，地球轴心也倾斜了大约2cm。

中国科学院遥感应用研究所研究员毕思文表示，印度洋海啸源于海底岩石圈中"最后一丝"应力积聚。由于地壳构造板块运动，原本与澳洲大陆相连接的印巴次大陆以每年大约6cm的速度向欧亚洲大陆运移，最终"脱澳入亚"，在挤压欧亚板块形成世界屋脊喜马拉雅山脉的同时，在撕裂的大陆中间拉伸出一片广阔的海域，这就是"印度洋"。这种板块运动中所积聚的能量是要通过板块边界的地震得以消解，导致海啸的苏门答腊岛地震在学术上属于板块边缘的"逆冲型"地震。具体来说，苏门答腊以北地区位于印度板块边缘，这里一个长距离的破裂带通过长时间积累蓄积了巨大能量，如同橡皮筋超出拉伸极限会崩断一样，板块边缘的岩石组织不堪承受压力发生突然错断，造成印度尼西亚苏门答腊岛外海海底岩石圈板块猛烈滑落出现了一个高 9m 多、长达数百千米的巨大凸起，并将巨量海水排出海床到达近岸浅水区。巨大的海水波动从深海传至浅海，海浪陡然升到十几米高，向外扩展速度可达每小时 700～800km。强烈的海啸给受灾国家造成巨大的损失，甚至改变了亚洲的版图，印度尼西亚旅游胜地尼亚斯岛附近几个小岛沉入海中，苏门答腊岛西北端可能已向西南移动约 36m，西南岸某些小岛屿或已向西南移动 20m。

5.2.5 永恒的北冰洋

"北冰洋"一词源于希腊语，意即正对大熊星座的海洋。1650 年，德国地理学家 B. 瓦伦纽斯首先把它划成独立的海洋，称大北洋，1845 年伦敦地理学会命名为北冰洋。北冰洋面积 1 478.8 万 km²，占世界海洋面积的 4.1%。北冰洋平均水深 1 225m，最大水深 5 527m，其 2/3 以上的面积属于大陆的水下边缘，即在北冰洋的周围具有非常宽阔的大陆架（图 5 - 3）。

图 5 - 3 永恒的北冰洋

Lovering, J. F. 等在 1987 年提出，鉴于北冰洋这个圆形海洋与北极点基本重合，北冰洋的形成一定与地球绕轴自转有关。因地球自转时的离心惯性力以极点附近为最小，很容易聚积形成以极点为中心的圆形陆块，离极地远的离心惯性力具有较大扩散力，北半球劳亚古陆末端带动极点周围的陆块向四周扩散使北极点周围形成空洞，形成了北冰洋雏形。海洋地质学家认为北冰洋的洋底扩张过程起自于 4 亿年前的古生代晚期，以地球北极为中心通过亚欧板块和北美板块的洋底扩张运动而产生了北冰洋海盆。现在北冰洋底所发现的"北冰洋中脊"即为产生冰洋底地壳的中心线。据瑞典科学家 2004 年从北冰洋海底采集的沉淀物分析后得出的结论，2 亿年前的北冰洋最多只算是一个巨大的淡水湖，自大西洋的海水开始流进北极圈后北冰洋逐渐形成。从科学家对北冰洋发展历史的研究成果可以得知，北极地区自地壳形成不久即被水域所覆盖，虽然北冰洋是四大洋中面积和体积最小、深度最浅的大洋，但却是最古老的、持续永恒的大洋。

北冰洋体积为 1 698 万 km³，仅占世界大洋体积的 1.2%。但北冰洋又是四大洋中温度最低的寒带洋，终年积雪，千里冰封，覆盖于洋面的坚实冰层足有 3 ~ 4m 厚。此外，北冰洋还有两大奇观。第一大奇观就是一年中几乎一半的时间为漫漫长夜，难见阳光，而另一半日子则为阳光普照，无黑夜。此外，北极天空的极光飘忽不定、变幻无穷、五彩缤纷，堪称北冰洋上的第二大奇观。值得关注的是，2012 年 8 月 25 日，日本宇宙航空研究开发机构宣布，水循环变动观测卫星"水滴"号拍摄的图像得出的结论，北冰洋海冰面积已降到 421 万 km²，创有观测史以来的最低值。英国著名海洋专家、剑桥大学教授彼得·维德汉姆也发表最新研究成果，北冰洋的海冰正在快速地萎缩，最短只需要 4 年时间就可完全消失，尽管每年冬天海冰还将会重新出现，但是在夏季没有海冰的日子里，北极熊等动物将失去天然的捕猎场所，这将严重威胁它们的生存，最终可能导致物种的灭绝。

5.2.6 貌合神离的海与洋

海洋中间的洋，约占海洋总面积的 89%，它的深度大，一般在 2000 米以上，海水的温度、盐度、颜色等不受大陆影响，有独立的潮汐和洋流系统。海按其所处位置的不同，可分边缘海和地中海两种类型。靠近大陆的部分，被岛屿和半岛与大洋分隔的称为大陆边缘海，如东海、南海、日本海等；介于大陆之间的海称地中海，如地中海、加勒比海等。如果地中海伸进一个大陆内部，仅有狭窄水道与海洋相通的，又称为内海，如渤海、波罗的海等。

据统计，地球上的海和湾共 60 个。其中，分布在太平洋西侧、属于欧亚大陆板块的有渤海、黄海、东海、南海、杭州湾、北部湾、白令海、鄂霍次克海、日本海、濑户内海等。归并在太平洋板块的有菲律宾海、爪哇海、苏禄海、苏拉威西海、塔斯曼海、马鲁古海、斯兰海、阿蒙森海、别林斯商普海等。分布在大西洋两侧，分别属于美洲、非洲和欧亚大陆板块的有波罗的海、加勒比海、地中海、北海、黑海、里海、亚速海、马尔马拉海、威德尔海、墨西哥湾、哈德逊湾、比斯开湾、几内亚湾、巴芬湾等；属于印度洋板块的有红海、阿拉伯海、安达曼海、萨武海、帝汶海、阿拉弗拉海、波斯湾、孟加拉湾、大澳大利亚湾等；分布在北冰洋外围、隶属于欧亚大陆板块的有格陵兰海、挪威海、巴伦支海、白海、喀拉海、拉普捷夫海、波弗特海等。世界上最大的海是珊瑚海，南北长约 2 250km，东西宽约 2 410km，它的总面积达到 479.1 万 km^2，大部分的海底水深 3 ~ 4km，最深处 9 174m，也是世界上最深的海。世界上最小的海是马尔马拉海，东西长 270km，南北宽约 70km，面积为 1.1 万 km^2，只相当于我国的 4.5 个太湖那么大。

5.3　丰富多彩的海底世界

1873 年，"挑战者"号船上的科学家在大西洋上进行海洋调查，用普通的测深锤测量水深时，发现了一个奇怪的现象，大西洋中部的水深只有 1 000m 左右，反而比大洋两侧浅得多。这出乎他们的预料。按照一般推理，越往大洋的中心部位，应该越深。为打消这个疑虑，他们又测了几个点，结果还是如此，他们把这个事实记录在案。1925 ~ 1927 年间，德国"流星"号调查船利用回声测深仪，对大西洋水深又进行了详细的测量，并且绘出了海图，证实了大西洋中部有一条纵贯南北的山脉。这一发现，引起了当时人们的震惊，吸引了更多的科学家来此调查。大西洋中部的这条巨大山脉，像它的脊梁，因而取名叫"大西洋中脊"。随后，人们在印度洋和太平洋也相继发现了大洋洋脊。三大洋的洋中脊是彼此互相连接的一个整体，是全球规模的洋底山系。其实，大洋底地貌与陆地有些相像，既有巨大高耸的山脉、辽阔平坦的海底平原，又有深达万米的大海沟。整个海底可分为大陆边缘、大洋盆地和大洋中脊三大基本地貌单元，及若干次一级的海底地貌单元。

5.3.1　奇异的海底山脉——大洋中脊

其实，大洋底地貌与陆地有些相像，既有巨大高耸的山脉（图5-4），辽阔平坦的海底平原，又有深达万米的大海沟。纵贯大洋中部的大洋中脊，绵延8万km，宽数百至数千千米，总面积堪与全球陆地相比。大洋中脊还是地球上最长最宽的环球性洋中山系，占海洋总面积的33％。大洋中脊分脊顶区和脊翼区，脊顶区由多列近于平行的岭脊和谷地相间组成。脊顶为新生洋壳，上覆沉积物极薄或缺失，地形十分崎岖。脊翼区随洋壳年龄增大和沉积层加厚，岭脊和谷地间的高差逐渐减小，有的谷地可被沉积物充填成台阶状，远离脊顶的翼部可出现较平滑的地形。

图5-4　海底山脉

海底地貌与陆地地貌一样，是内营力和外营力作用的结果。海底火山是海底扩张的中心，由于地球内部温度很高、压力极大，火山活动频繁而又强烈。全球600座活火山大多数都位于太平洋，仅西太平洋区域就占据了其中的1/2。美国一个潜水探险队曾经冒着生命危险探索夏威夷群岛火山，在水面下30.5m的深度，拍摄到了不断从海底火山口流出的熔岩河流，沿着火山的山坡向更深的海底奔腾而下。海底火山在喷发中不断向上生长，会露出海面形成火山岛。1796年，太平洋北部阿留申群岛中间的海底火山不断喷发熔岩，越积越多，几年后一个面积30km²的火山岛就出现在海面上。在距离澳大利亚东岸约1 600km的太平洋上有一个小岛叫作法尔康岛，1915年这个小岛突然消失，但在11年后它又重新冒出海面。

伴随海底的火山活动，"黑烟囱"现象也是海底世界的一大奇观。1979年的一天，在加利福尼亚湾的外太平洋海底，美国科学家比肖夫博士等人乘坐"阿尔文"号潜水器向深海下潜，当他们下潜到2 500m接近海底时，看到一幅十分奇异的景象：蒸汽腾腾，烟雾缭绕，"烟囱"林立，好象重工业基地一样。"烟囱"高低粗细各不相同，高的可以达到一百多米，矮的也有几米到几十米。"烟囱"的直径因喷溢口的大小而不同，小"烟囱"的口一般只有几十厘米，大"烟囱"的口可以达到几米，形成了一种烟囱状的地貌。从"烟囱"口冒出与周围海水不一样的液体，这里的温度高达350℃。可见，这些海底"烟囱"就是海底的温泉。

"烟囱"里冒出的烟的颜色大不相同。有的烟呈黑色，有的烟是白色的，还有清淡如暮霭的轻烟。早在20世纪60年代，科学家们在红海发现了许多奇异的现象，比如水温和盐度偏高，就出现了高温卤水。1967年，在一处海渊中发现了在热泉周围形成的海底多金属软泥。从此，揭开了人类研究现代热液矿产资源的新篇章。1988年，我国科学家与德国科学家联合考察了马里亚纳海沟。他们通过海底电视看到，在水下3 700m左右的海底岩石上有枯树桩一样的东西，它高2m，直径0.5～0.7m，周边还有块状、碎片状和花朵状的东西，在这些喷溢海底热泉的出口处，沉淀堆积了许多化学物质，他们采集了1 000kg的岩石样品，颜色主要为黄褐色，间杂黑色、灰白色、蓝绿色。经过化学分析和鉴定，确认这就是海底热泉活动的残留物，叫作"烟囱"。它们大多是硫化矿物，除了大量铜、锌、锰、钴、镍外，还有金、银、铂等贵重金属。

在如此高温的大洋底，有活着的生物吗？科学家进一步考察，发现在海底温泉口周围，不仅有生物，而且形成了一个新奇的生物乐园：有血红色的管状蠕虫，像一根根黄色塑料管，最长的达 3m，横七竖八地排列着，它用血红色肉芽般的触手，捕捉、滤食水中的食物。还有一种状如蒲公英花的生物，常常几十个连在一起，有的负责捕食，有的管着消化，各有分工，忙而不乱。这里的生物很有特色，其乐融融，成了真正的"世外桃源"。科学家称这里为"深海绿洲"。科学家们研究认为，这里的海洋细菌，靠吞食温泉中丰富的硫化物而大量迅速地蔓延滋生，然后，海洋细菌又成了蠕虫、虾蟹与蛤的美味。在这个特殊的深海环境里，孕育出一个黑暗、高压下生存的生物群落。看来，"万物生长靠太阳"的说法，在这里不适用了。

海底温泉，不但养育了一批奇特的海洋生物，还能在短时间内生成人们所需要的宝贵矿物。那些"黑烟囱"冒出来的烟柱都是金属硫化物的微粒，含有丰富的铜、铁、硫、锌，还有少量的铅、银、金、钴等金属和其他一些微量元素。这些微粒像天女散花从烟柱顶端四散落下，沉积在"烟囱"的周围，形成了含量很高的矿物堆。人们知道的天然成矿历史是以百万年来计算的，而在深海底通过"黑烟囱"的化学作用来造矿一般只要十几年到几十年。当陆地矿产资源接近枯竭的时候，这一新发现的价值之宝贵就不言而喻了。

大洋底部存在世界上最长的山系，这个事实直到 19 世纪后期才被人类发现。为了揭开海底的地质演变奥秘，人们曾经多次下潜到大洋中脊的裂谷中进行实地勘测。在 1972 年至 1974 年期间，法国和美国的科学家在地质学家勒皮雄的领导下，使用深潜器观测到了大洋中脊的裂谷。他们用超声波装置对大西洋底探测的结果显示，大西洋底有一条从北到南的海底山脉。山脉的高点露出海面形成了亚速尔群岛、阿松森群岛。印度洋山系的东南支向东延伸与东太平洋山系相连进入加利福尼亚湾，北支伸入亚丁湾、红海与东非内陆裂谷相连。大西洋山系向北延伸到北冰洋，最后潜入西伯利亚。洋底山系全长可以绕地球一圈半。

5.3.2　相辅相成的洋盆、深海平原和平顶山

第二次世界大战期间，美国著名的地质学家赫斯教授是当时美国海军一艘运输船的船长。他经常指挥他的船来往于太平洋中部和南太平洋之间。在战争快要结束的两年里，他从回声探测仪上发现，太平洋海底有许多海底山脉。于是，他

利用回声探测仪连续记录下来各点的深度。同时他还发现，洋底的海山顶部是平坦的。这些海底平顶山是由玄武岩一类的岩石构成的。赫斯上校把这些海山一一标在海图上，并且称这些海山为海底平顶山。但他又在苦苦地思索，山顶为什么会那么平坦？经过科学家们潜心地研究，发现原来海底火山喷发之后形成的山体，山头当时的确是完整的，如果海山的山头高出海面很多，任凭海浪怎样拍打冲刷，都无法动摇它，因为海山站稳了脚跟，变成了真正的海岛。倘若海底火山一开始就比较小，处于海面以下很多，海浪的力量达不到，山头也安然无恙。只有那些不高不矮，山头略高于海面的，海浪乘它立足不稳，拼命地进行拍打冲刷，经历年深日久的功夫，就把山头削平了，成了略低于海面、顶部平坦的平顶山。

在海洋的底部有许多低平的地带，周围是相对高一些的海底山脉，这种类似陆地上盆地的构造叫作海盆或者洋盆。根据深海钻探显示，世界各大洋洋底的地壳都很年轻，一般不超过 1.6 亿年。实际上，海洋是在距今 18 亿年前形成的。世界上的大洋如此古老，为什么大洋洋盆的盆底却如此年轻呢？科学家在解释古老的大洋、年轻的洋盆时，告诉我们：大洋的盆底从中间裂开，在裂开处炙热的岩浆从地壳下涌出，遇到海水就立刻被降温形成岩石。裂口处不断涌出岩浆，新的地层把先前生成的岩石地层向周围挤压推移，经过上亿年的演变就形成了现在这种海底年龄周边岩石的年龄最大，而洋底岩石的年龄最小的情况。其实，这个地壳演变过程从地球诞生起就从未停息过。在漫长的地质年代里，那些塌陷的部分就形成了大大小小的海盆。

深海中也有如同陆地平原一样的地貌，这就是深海平原。实质上，在 1947 年以前人们对深海平原的认识还很肤浅，甚至没有深海平原的定义。直到 1947 年地质学家考察大西洋大洋中脊时，人们才发现了深海平原。1948 年，瑞典深海平原考察队对印度洋中的深海平原做了较为详尽的调查，并且绘制了海图。从此，人们陆续考察了各大洋中的深海平原，有关深海平原的研究不断广泛而深入地展开。深海平原一般位于水深 3 000 ~ 6 000m 的海底，它的面积较大，一般可以延伸几千平方千米。深海平原的表面光滑而平整，有的深海平原向一定方向微微倾斜，有的则有低微的起伏。深海平原上有厚厚的沉积层，沉积层将原来复杂的原始地貌掩盖起来。制造深海平原的沉积物主要来自大陆架，并且被海流沿斜坡向下搬运到地势低洼的地方。大西洋是深海平原分布最多的海洋。因为大西洋的边缘没有海沟阻隔，所以为深海平原的形成，提供了最有利的条件。相反地，太平洋因周围有许多海沟，所以太平洋的深海平原就十分少见。

5.3.3　纷争不断的海沟与大陆架

大陆架是大陆向海洋自然延伸的部分，大陆架和大洋洋底之间有一个陡倾斜面叫"大陆斜坡"，大陆斜坡的正前方是一条深邃的海沟或海槽。这条海沟或海槽是大陆与大洋的自然边界线。大陆架和大陆斜坡虽然分布在水深 200～4 000m 的海底，但其物质组成与大陆地壳上层基本一致，通常归属于大陆型铝硅酸盐岩质（通常叫作花岗岩质）地壳。大陆斜坡的坡脚以外的深海地壳以硅镁质（通常叫玄武岩质）为主，是典型的大洋型地壳。因此，无论从地理学的海沟或海槽，地质学的大陆型地壳与大洋型地壳，大陆坡坡脚是真正分的洋陆界线。

大陆架为大陆与洋底两大台阶面之间的过渡地带，约占海洋总面积的 22%，通常分为大西洋型大陆边缘（又称被动大陆边缘）和太平洋型大陆边缘（又称活动大陆边缘）。前者由大陆架、大陆坡、大陆隆 3 个单元构成，地形宽缓，见于大西洋、印度洋、北冰洋和南大洋周缘地带。后者陆架狭窄，陆坡陡峭，大陆隆不发育，而被海沟取代，可分为海沟－岛弧－边缘盆地系列和海沟直逼陆缘的安第斯型大陆边缘，主要分布于太平洋周缘地带，也见于印度洋东北缘等地。

大陆斜坡由于隐藏在深水区，因此很少受到破坏，基本保持了古大陆破裂时的原始形态。1965 年，英国地球物理学家用计算机绘制了一张大西洋水深 1 000m 的等深线图。图形显示大西洋两岸的等深线十分吻合。这从另一个角度证明了大陆漂移说的正确性。大陆坡的坡度很陡。太平洋大陆坡的平均坡度为 5°20′，大西洋大陆坡的坡度为 3°5′，印度洋的大陆坡深度为 2°55′。坡度变化从几度到 20 多度。大陆坡的表面极不平整，而且分布着许多巨大、深邃的海底峡谷横切在斜坡上，还有的像树枝一样分岔将大陆坡切割得支离破碎。大陆坡的表面也有较平坦的地方，这些地带被称为深海平台。有时，在一条大陆坡上会形成多级深度不同的海底平台。

海沟是大洋底比相邻海底深 2 000m 以上的狭长的凹陷陡峭两壁，它是海底的深渊。海沟多分布在大洋边缘，而且与大陆边缘相对平行。对于海沟，目前科学家有许多不同的观点。有人认为，水深超过 6 000m 的长形洼地都可以叫作海沟。另一些人则认为真正的海沟应该与火山弧相伴而生。一般来说，海沟的形状多为弧形或者直线形，长 150～4 500km，宽 40～120km，水深在 6 000～11 000m。如太平洋马里亚纳海沟最深点 11 034m，超过了陆上最高峰珠穆朗玛峰 8 844m 的海拔高度。

海沟主要分布在活动的大陆边缘，是大洋板块向大陆板块的俯冲带，密度较大的海洋板块以 30°上下的角度插到大陆板块的下面，两个板块相互摩擦形成长长的 V 字形凹陷地带。海沟的两面峭壁大多是不对称的 V 字形，沟坡上部较缓，而下部则较陡峭。世界上最重要的海沟，几乎都聚集在太平洋。世界最深点所在地——马里亚纳海沟，就在太平洋西部。大西洋的波多黎各海沟和南桑威奇海沟所处位置都是在大洋边缘。在地质学上，海沟被认为是海洋板块和大陆板块相互作用的结果。另外，科学家还认识到所有的海沟都与地震有关。环太平洋的地震带都发生在海沟附近，这是因为海沟区的重力值比正常值要低，它意味着海沟下面的岩石圈被迫在巨大的压力作用下向下沉降。

5.4　征战海洋

2012 年，正当美国高调宣称"重返亚洲"之际，菲律宾、越南、日本等国窥视我国领海的野心随之膨胀，相继引发黄岩岛、西沙、南沙群岛和钓鱼岛等一系列外交危机。时任俄罗斯总统梅德韦杰夫视察南千岛群岛的国后岛、韩国总统李明博登上独岛也引发了俄日、日韩之间的外交风波。岛屿之争为何大大升温？为什么一些国家为了一个荒无人烟的弹丸之地拼命力争？这是因为 1982 年的《联合国海洋法公约》第 121 条规定，"四面环水并在高潮时高于水面的自然形成的岛屿可以同陆地领土一样拥有自己的领海、毗连区、专属经济区和大陆架；不能维持人类居住或经济生活的岩礁也能划出自己的领海和毗连区，但不能拥有大陆架和专属经济区。"这项规定无疑提高了岛屿自身价值之外的价值，只要拥有岛屿（岩礁）就拥有了海域。并以 12n mile 领海距离计算，即使一个弹丸岛屿或岩礁都可以获得 1 500km^2 的领海区，还可再划出 200n mile 专属经济区，即 43 万 km^2 的专属经济区。200n mile 的专属经济区，虽然仅占海洋面积的 36%，但拥有世界 87% 的原油储量、90% 的商业捕鱼量、10% 的多金属结核，它对沿海国的主权和经济发展极为重要。当今世界各国对海洋资源和地理环境有了全新的认识，赋予了岛屿非同以往的重要经济和军事战略价值，这正是诱发世界性疯抢岛礁的真实动因。专属经济区是各国海洋国土的重要组成部分，但海洋却不能像陆地那样树立国界标志，海上国界是"软"边界，远而开放，容易遭到侵犯。

5.4.1　以礁拓疆，不遗余力

一个国家的民族心态、历史文化和国家政策都离不开国家所处的独特地理环境。日本不遗余力地在太平洋上寻找可以控制和占有的岛屿，将扩大管辖海域列为"极其重要的国家项目"，专门成立了一个"推进大陆架调查议员联盟"，对周边海域进行开发。从日本单方面主张的海域示意图可以看出，它把中国的钓鱼岛划归了日本，将中国不承认的所谓"中间线"当成了中日的东海分界线，还把冲鸟岛当作日本的主权岛屿来划界。冲鸟岛地处西太平洋诸航道要冲，具有重要的战略地位。加固冲鸟岛，要建成一个"战略岗哨"，变成一艘不沉的"航空母舰"，可以监控西太平洋的航线及整个海域，军事价值极高，有着深远的战略背景。日本通过对冲鸟岛进行"以礁造岛"，企图把广阔的太平洋海域连成一片，纳入日本的"如意版图"。

苏岩坐落在中、韩两国主张的专属经济区之内，处于主权争议海域。它也是国际航线的转折点，地理位置特殊，战略地位十分重要。显然，韩国静悄悄地以"科学研究"名义，隐藏着争抢海域的战略目的，有着强烈的蓝色国土意识，想方设法占有苏岩，以扩大韩国的海域面积。从 1995 年起，韩国以"韩国海洋调查和发展研究所"名义，开始在茫茫东海里的"苏岩"上方建造一座巨大的"了"字形的全钢质结构物，到 2003 年 5 月竣工并开始运行。该平台主体部分高出海平面 30 多米，最高点为直升机平台，上层建筑共有 5 层甲板，总面积 1 900m^2，设有灯塔、观测仪器和通信设备，有较完善的海路交通设施和小艇码头，其顶端及西侧的墙壁上都有韩国的国旗标志。

5.4.2 海岛之争，硝烟四起

《联合国海洋法公约》的颁布，使得即使是以往一些无人注意的荒岛也身价倍增，重要性凸显。如果在岛屿附属海域，勘探出了巨量的石油和天然气资源，那就更加魅力难挡。英国和阿根廷在马尔维纳斯群岛（英国称"福克兰群岛"）大打出手，这里蕴藏石油资源储量高达20亿桶，资源是重要考量因素。据初步统计，全世界近60个国家存在岛屿争端，有380多处国家间的海洋边界需要最终划定，引发战争的硝烟至今仍未散去。

中国最早发现、命名南沙群岛，最早并持续对南沙群岛行使主权管辖。第二次世界大战期间，日本发动侵华战争，占领了中国大部分地区。《开罗宣言》和《波茨坦公告》及其他国际文件明确规定把被日本窃取的中国领土归还中国，这自然包括了南沙群岛。1946年12月，当时的中国政府指派高级官员赴南沙群岛接收，在岛上举行接收仪式，派兵驻守。日本政府于1952年正式表示"放弃对台湾、澎湖列岛以及南沙群岛、西沙群岛之一切权利、权利名义与要求"，从而将南沙群岛正式交还给中国。但在20世纪70、80年代被周边的越南、马来西亚、文莱等抢占了其中的大部分岛礁，刺激这一行动的主要因素也是海洋油气资源，据科学家在南沙海域的海洋勘探中的概略估计，此海域石油储藏有137亿～177亿t，南沙海域有着成为"第二个波斯湾"的潜力。同样，美国海洋学家埃默里等人在1969年发表的《东海和黄海的地质构造和水文特征》一文指出"在东海大陆架交界处存在着世界上最有希望的尚未勘探的海底石油资源"之后，日本政府首次正式提出了对钓鱼岛群岛的主权要求。毫无疑问，正是"埃默里报告"对东海石油蕴藏量的乐观估计引发了日本对钓鱼岛的垂涎。

南千岛群岛，位于太平洋西北部的千岛群岛向南延伸部分，总面积5 038.33km²。根据1945年的《雅尔达协定》和1951年的《旧金山和约》，约定日本放弃对千岛群岛和库页岛自1905年《朴茨茅斯和约》后取得领土之所有权利与请求权，苏联即依据雅尔达协定宣布拥有该地主权，这是第二次世界大战后形成的新的国际区划格局。日本不愿意放弃这四个岛，因为丢弃北方四岛就意味着丢失了 16 亿 t 的石油能源、1 867t 黄金、9 284t 白银、397 万 t 钛、2 173 亿 t 铁、1 117 亿 t 硫、36t 稀有金属铼，还有放弃价值 20 多亿美元的世界第一大渔区——西北太平洋渔区的核心地区，以及大量的森林资源。

岛屿海疆争端具有一般领土争端的共性，关系到一国的主权。主权问题从来就是一个敏感问题，它不仅牵涉到一国的主权象征，还牵动着一国的民族情感。即使是一个小岛的归属，一旦与国家主权联系在一起，就成了一个全民关注、很难让步的大问题。韩国人不仅把独岛看作是韩国的神圣领土，还把它看作是韩国摆脱日本侵略的一个历史象征，把独岛的主权归属与复仇雪耻的民族感情联系在一起，这就大大增强了韩国与日本围绕独岛争端交锋的烈度和解决问题的难度。岛屿之争，没有速决的灵验之方，注定要在纷争中走向未来。

5.4.3　控制海上"生命线"

海洋交通是国际贸易中最重要的运输方式。由于海洋水面宽广，许多国家均处于海洋水面包围之中，各沿海和岛屿国家通过海洋这个天然坦途便可径直到达。因此，海洋运输便是国际贸易的主要运输方式，国际贸易量的70% ~80%靠海洋航运。海洋运输的最大优点是运量大，运费低，运费相当于陆路运输的1/10 ~1/20；其次是建设费用少，除港口、造船外其他就是利用海水，不需投资其他建设，节省能源燃料，工效高。此外，海洋四通八达，具有全球连续性，且有65%左右为世界共用的公海，较少受国界的限制，没有陆地上不便通行的自然障碍区。历史证明，谁能在更大程度上利用海洋通道系统，谁就能在更大程度上获得世界经济联系的好处。历史上荷兰、西班牙、英国的发达，现在的美国、日本的发达都证明了这一点。

苏联海军司令戈尔什科夫说过："地中海在军事上对苏联有着特别重要的意义。"地中海位于欧、亚、非三大洲之间，面积约 250 万 km^2，是世界上最大的内海。地中海是沟通大西洋和印度洋之间的要道，它东经苏伊士运河，出红海可达印度洋；西出直布罗陀海峡又可达大西洋，是西欧各国从中东海湾地区取得石油的最短供应线，被视为"海上生命线"。地中海北岸是欧洲的南翼，从大西洋的伊比利亚半岛直到爱琴海这一弧形地带。在战略上被称为欧洲防务的"柔软的下腹部"。可见，其战略地位至关重要。为了加强地中海的力量，美俄两国为争夺地中海海域明争暗斗，剑拔弩张。双方虽未真枪实弹交锋，但围绕制海权的斗争却已达到白热化的程度。

印度洋西临非洲大陆，北连南亚次大陆，东接东南亚各国，具有东出太平洋（经马六甲海峡），西进地中海（经红海与苏伊士运河），南绕好望角至大西洋。战略地位十分重要，是连接欧、亚、非和大洋洲的航路枢纽。这个地区人口众多，资源丰富，特别是石油和石油制品的25%来自波斯湾，从波斯湾经印度洋运往世界各地的石油占世界石油运输总量的一半。美国和西欧的几十种战略原料也通过这条航线运输。这一海域是美国及其他一些西方国家"生死攸关"的航道。同时，印度洋又是一个可供发射导弹的潜艇发射场，具有巨大的战略价值。战后美国海军打入了印度洋，派出世界上最大的核动力航空母舰"企业"号率第74特混舰队开到了印度洋游弋。印度也不遗余力地打造航母编队，实现其海洋霸权的梦想。

第二次世界大战后，美国一直是太平洋的霸主。自20世纪70年代以来，美国派航空母舰"中途岛"号常驻日本横须贺港，加强封锁日本海海峡的能力。随着美国高调宣称战略重心移向亚洲，首次于"香格里拉对话"亮相的美国国防部长帕内塔宣布，到了2020年美国海军将重新分配部署于太平洋和大西洋战舰的比例，从目前的50%对50%调整为60%对40%。美国一边在日本海周围加紧部署兵力，一边大搞反潜演习，这样一旦战争爆发便封锁对马、宗谷和津轻海峡卡住海上喉咙。

在全球资源争夺日益紧张的背景下，越来越多的国家开始将目光投向北极，北极对这些国家存在着巨大的诱惑。目前，北极地区的陆地部分已经被加拿大、丹麦、芬兰、冰岛、挪威、瑞典、美国和俄罗斯8国占有。对北极地区的争夺主要是对北极海域以及尚未发现岛屿的争夺，最激烈和持久的就是对北极航道的争夺。北极航道由两条航道组成：加拿大沿岸的"西北航道"和西伯利亚沿岸的"东北航道"（又称北方航道）。北极地区非常适合配备了核弹头的潜艇隐蔽，不停移动中的厚厚冰层还可以对声波进行干扰，军事战略价值无可比拟。控制了海洋，等于控制了未来新的世界经济动脉和军事战略走廊，意味着控制了新的世界海上力量的布局走势。

　　2010 年 4 月 20 日夜间发生的"墨西哥湾漏油事件"令人触目惊心。位于墨西哥湾的"深水地平线"钻井平台发生爆炸并引发大火,大约 36h 后沉入墨西哥湾,11 名工作人员死亡。事发半个月后,各种补救措施仍未有明显突破,沉没的钻井平台每天漏油达到 5 000 桶,海上浮油面积在 2010 年 4 月 30 日统计的 9 900km² 基础上进一步扩张。海底部油井漏油量从每天 5 000 桶上升到 2.5 万~3 万桶,演变成美国历来最严重的油污大灾难。原油漂浮带长 200km、宽 100km,而且还在进一步扩散。相关专家指出,墨西哥湾将在长达 10 年的时间里成为一片死海,沿岸 1 600km 长的湿地和海滩被毁,渔业受损,脆弱的物种灭绝,影响到产值达 2 340 亿美元的经济体系运转。这次严重的事件为我们敲响了警钟。

　　21 世纪,人类将会更崇尚海洋、倚重海洋,使海洋成为新的经济增长点。但是,海洋经济的生长点需要相宜的海洋生态环境。否则,我们将很难预料,最终是海洋被人类征服,还是人类最终被海洋毁灭。联合国为"世界环境日"确定的主题是"为了地球的生命,拯救我们的海洋"。它提醒人们,海洋是生命的起点、人类的文明的起源,保护海洋是人类文明的永恒主题。

6　人文地球

　　在地质发展史中，新生代是一个最为光辉的时代。由于在生物界出现了灵长类，尤其是在二三百万年内的直立猿人的横空出世而称之为"灵生代"，这是人类时代的地球纪年。新生代第四纪有强大的冰川作用影响着自然环境，尤其是靠采集果实生活的猿人在冰天雪地中为饥饿所迫，不得不剥兽皮裹体，寻觅洞穴栖息，钻木取火煮食、驱兽。经过数度冰期、间冰期的历练，随着冰期终结人类随即进入新石器时代，智力日益进步、思想意识逐步形成、技术日渐成熟，玉器和陶器手工业已很发达，农业工具也已开始，并有了原始的畜牧业和商品交易的市场。新石器时代结束，人类随即进入金属文化时代，随之而来的是农业革命、工业革命和如今的信息化革命，作为世间万物的"主宰"，人类开始以自我意志强烈地改变着自然面貌，推动着世界跨入人文地球的新纪元（图6-1）。

图6-1　人类的进化图

6.1 人类的由来——进化论与神创论、外星论之争

人来自哪里？又去向何处？这是一个关于人类自身的终极问题。虽然歌曲里唱着"不要问我从哪里来"，但是千百年来，人类从未停止探索的追问。到目前为止，人类尚未找到这个问题的明确答案，只留下纷纭繁杂的各种神话传说。在这些神话里头，有很多和进化论不谋而合之处。在原始先民眼中，图腾就是他们的祖先，《山海经》中说几乎每个民族都有一个动物祖先。在澳洲神话中说人是蜥蜴变的，美洲神话则说人是山犬、海狸、猿猴等变的，希腊神话也说某族人是天鹅变的或是牛变的，或是神同某种动物通婚后的后代。这种动物祖先说进一步拉近了人和神的距离，将人的起源归结于生命，这一点跟进化论倒是相通的。对人进行科学定位的工作是由瑞典博物学家林奈完成的，他对动植物进行了分类，通过界、纲、目、属、种、亚种给生物定位，人被归入了哺乳纲、灵长目、人属，其下分为不同的人种。古生物学家在对化石进行研究时发现，那些几亿年前的动植物化石的形态与现代生物的形态有很多相似之处，他们便将这些联系到一起形成一条进化路线图，进化论应运而生。

6.1.1 基于对神创论反抗的进化论

如今我们熟知的关于人类起源的最早回答，应该就是流传于世界各地的上古传说，这些传说虽然具体内容有所差别，但主旨都将人类的起源指向了超自然的神，因此被称为神创论。上帝造人的传说是最为流行的，《圣经·创世纪》第一章就是上帝七天创造世界的传说，第六天，上帝照自己的样子创造了男人和女人。古埃及有一种传说，万物是在全能的神——努的呼喊中出现的，他大喊一声："男人！女人！"过了一会，埃及就住满了人，这时努显示出自己的原形，成为埃及的第一位法老。在印度最古老的一部奥义书《梨俱吠陀》的记载中，人是由阿坦从水中取出的一真元体，然后渐次分化出了人体的各个器官而形成的。

进化论在一定程度上可以说是反抗神创论的产物。进化论发端于18世纪，形成于19世纪中期，之后不断得到发展和完善。林奈，全名卡尔·冯·林奈，

是瑞典植物学家、冒险家，他首先构想出定义生物属种的原则，并创造出统一的生物命名系统。林奈创造性地提出"双名制命名法"（简称"双名法"），给每种植物起两个名称，一个是属名，一个是种名，连起来就是这种植物的学名。植物名称中总共含有 8 800 多个种，可以说达到了"无所不包"的程度，被称为万有分类法，这一伟大成就使林奈成为 18 世纪最杰出的科学家之一。拉马克，法国生物学伟大的奠基人之一，"生物学"一词是他发明的，最先提出生物进化学说，是进化论的倡导者和先驱，无脊椎动物学的创始人。

伟大的生物学家、进化论的奠基人达尔文于 1859 年出版了《物种起源》，提出了以自然选择为基础的进化学说，成为生物学史上的一个转折点，恩格斯指出它是 19 世纪自然科学的三大发现之一。因此达尔文的进化论已举世瞩目。但拉马克早于达尔文诞生之前（1809 年）就在《动物学哲学》里提出了生物进化的学说，在进化学说史上发生过重大的影响，为达尔文的进化论的产生提供了一定的理论基础则鲜为人知。

托马斯·亨利·赫胥黎，英国生物学家，因捍卫查尔斯·达尔文的进化论而有"达尔文的坚定追随者"之称。有趣的是赫胥黎并不完全接受达尔文的许多看法（例如渐进主义），而且相对于捍卫天择理论，他对于提倡唯物主义科学精神更感兴趣。作为科普工作的倡导者，他创造了概念"不可知论"来形容他对宗教信仰的态度。他还因创造了生源论（认为一切细胞皆起源于其他细胞）以及无生源论（认为生命来自于无生命物质）的概念而广为人知。

进化论的集大成者是英国的博物学家达尔文，他首先将自然选择学说应用到人类自身，在《物种起源》和《人类的由来及其性选择》中构筑了一个生物系统，即物种是由低级向高级进化而来的。在原始地球的海洋中，首先出现了原生生物，原生生物分化出了原生植物和原生动物，之后经过漫长的时间，逐渐进化形成了我们所看到的丰富多彩的动植物。物种不是不变的，那些所谓属于同属的物种，都是另一个已经灭亡的物种的直系后代，而不是被分别创造出来的。人是从低等的脊椎动物逐步演化而来的，其演化序列是：鱼类 – 两栖类 – 爬行类 – 哺乳类 – 人类。人类是从类人猿进化而来的，那些从森林迁徙到平原的类人猿经过漫长的历史过程逐步进化成了现代人，这个过程经过了腊玛古猿、南方古猿、直立人、早期智人、晚期智人五个阶段。

6.1.2　根植于佛教经典的"外星殖民论"

进化论形成后，作为一个科学理论迅速传播开来，在关于人类起源的讨论中占据了主流。但是神创论与进化论之间的争论一直没有停止。而在神创论与进化论的争论正如火如荼的时候，外星论的加入无疑使这场关于人类起源的争论更加硝烟弥漫。根据佛教经典的记载，人是从阿卫货罗天上下来旅游的，由于贪吃变胖，没有办法再飞回去，只能留在地球上。国外的一些科学家发现了一些所谓古代的高科技产品，如考古学家威廉·柯尼格于1938年在德国斯图加特发现的所谓巴格达电池，据研究这个电池产生的时间是公元前250年，现在还能产生电力，还有在古罗马的沉船上发现了一台机械模拟式计算机等。另一种是从现代科学技术入手，国外的一些研究人员从美国国家航空与航天局发布的月球表面的照片中，发现了建筑物的痕迹。现代物理学对量子论的"非定域性"和亚原子现象的研究，提出了对世界的本质是物质的这一论断的质疑，对超级波、脉冲信号的研究，提出了它们是由外星生命专门发射出的，目的是向人类传递银河超级波的信息。

国外不仅有关于外星论的大量研究，外星论在普通民众中也有广泛的影响，人们想象出了大量关于外星人的外形、智能等情况，并拍摄出了大量的关于外星人的影视作品，还有很多人声称看到过外星人的飞行器（UFO），国外媒体上不时有关于这类消息的报道。1947年7月2日，有美国的新闻报道称一架UFO坠毁在新墨西哥州罗斯威尔镇靠近军事基地的沙漠地区，据称，美国军方发现了外星人尸体并进行了解剖。这些报道的真实性另当别论，它们至少说明了外星论已经有了其受众。

国内比较系统地阐述"外星论"的是雷元星先生，他在《人类的科学》一书中详细地阐述了人类来自于金星这一观点。根据他的研究，行星都沿着一条螺旋轨道一步步地向太阳靠近，最终坠落其中，地球现在占据的轨道所创造的环境是太阳系内最适合生物生存的，任何星球在占据地球轨道时，都能创造出一个适合生物生存的环境，其地表都有一个生物世界，统治这个生物界的都是人类。水星、金星都曾经占据过地球现今占据的轨道，人类曾经就生活在这些星球上，当这些行星由于轨道的变化不再适合人类生存时，人类就会向下一个适合生存的行星上迁徙。他提出的证据有秘鲁的神秘地画、墨西哥神庙的绘有宇航员的浮雕以及《圣经》中的"神之车"等。发现于四川地区的三星堆遗址出土有大量匪夷所思的青铜器，"眼形器"或许就是外星飞行器，"太阳形器"或许就是飞行器的方向盘，纵目面具是驾驶者戴着望远镜，圆顶头像是他们戴着头盔。如果我们将它们与外星论结合起来，这一切似乎就很容易理解。

6.1.3　因事件地质学兴起而重新提起的"灾变论"

曾令提出进化论的达尔文非常困惑的是地球演化史上的一次至今日科学界也无法解释的寒武纪大爆发事件。达尔文在他的《物种起源》中写道："这件事情到现在为止都还没办法解释。所以，或许有些人刚好就可以用这个案例，来驳斥我提出的演化观点。"

科学界普遍认为，生物灭绝事件一般伴随地壳构造运动而引发的海陆变迁、大冰期、火山喷发或行星撞击等重大地质事件，原始生态环境的突然恶化，不能适应新生活的物种走向灭亡也就在所难免。"物竞天择、适者生存"，早在1898年中国学者严复在《天演论》中提到的"优胜劣汰"点明了其中的道理。人类演化的历史也似乎证实了这一点，距今6 000万年的恐龙灭绝事件催生了灵长类动物的出现，经过漫长的5 000万年进化，腊玛古猿才在今肯尼亚特南堡、南亚西瓦立克山地、中国开远和禄丰以及土耳其、匈牙利等地现身。又是1 000万年的等待，地球上开始出现原始人类身影。而以原始宗教为代表的"文明"露出，则得益于10 000年前的"冰河期"（也就是神话传说的冰河期过后的"大洪水"）。因此，生物灭绝事件可以看作是地球生物演化进程的重大的转折，每次全球性的地质大灾难都彻底打破了生物进化的"惰性状态"，在淘汰劣势物种的同时激活了少数优势物种的"潜能"，使生物界由低级向更高级的进化过程产生一次飞跃，或可叫作"跨越式"发展。

虽然达尔文于19世纪中叶创立的生物进化学说第一次对整个生物界的发生、发展，做出了唯物的、规律性的解释，推翻了神创论等唯心主义、形而上学在生物学中的统治地位，使生物学发生了一个革命变革。但进化论提出已经有一百多年的历史，至今没有拿出一个物种进化为另一个物种的实证，分子生物学还证实了人同类人猿的细胞核的差别及猿细胞无法变成人细胞的事实。解剖学和胚胎学的研究还表明进化论中所谓的"同源器官"只是表象，决定这些特征的是基因，动物胚胎发育之初的形态相似，是由于 HOX 基因（同源基因）调控水平相同而已。也就是说，进化论尚无法从根本上解释人是从何而来的。但关于这一问题，或许可以引用诺贝尔奖获得者、著名物理学家史蒂芬·温伯格的话"这意味着根本就没有什么开端……有的只是多元理论"更为妥帖。关于人类起源的争论远远没有结束，我们只能期待着某一天科学的发展将谜底揭开。

6.2　黑、白、黄——人种的起源

关于人类的进化过程，大致可分成四个阶段。在 3 000 万～1 000 万年前，属于灵长目的埃及的原上猿、埃及猿、法国森林古猿已经栖息在地球的森林之中，特点是林栖生活、四足行走、臂悬跳跃。在 1 000 万～100 万年前，印度的腊玛古猿、南非的南方古猿等属于正在形成中的人。特点是两足行走、以食草为主。100 万～1 万年前基本上形成直立人，体态变化比较大，开始制造工具，如欧洲的尼安德特人、克鲁马农人，中国的山顶洞人、兰田人、元谋人、长阳人、马坝人、丁村人等。1 万年前之后，人类进入旧石器时代，以原始宗教、氏族部落为代表的文明出现。人类文明产生的地区，最早处于闭塞与孤立状态，处在地球上的零星的几个点，于是就出现有时间先后和文明的发达程度不平衡的现象。这就是我们经常遇到的如西欧起源说、北亚起源说、中亚起源说、亚洲起源说、非洲起源说等人种的差异和起源的多源头学说。目前世界划分四大类人种：蒙古人种（黄种）、欧罗巴人种（白种）、尼格罗人种（黑种）和澳大利亚人（棕种）。人种亦称种族，在体质形态上具有某些共同遗传特性的人群。人种的自然体质特征主要包括人的头部、五官、头发的形状、肤色、毛发颜色、眼色、身高及其比例等，血型、指纹、体毛、牙齿结构等对人种的划分也有一定意义。人种具有区域性特点，与其生活的自然环境和生存区域的历史文化发展关系密切。人种是在大约距今 4 万年之前开始分化的，由于长期适应其生活地区的自然环境而逐渐形成不同的遗传自然特征。例如赤道附近，阳光中的紫外线照射强烈，人皮肤下的黑色素增加，逐渐变成黑色皮肤，形成黑种人。欧洲由于多云，在那里生活的人吸收的紫外线少，故皮肤是白的，头发也不是黑的。根据上述自然形成的特征，将世界人种划分三大类，即黑（含棕色）、白、黄种人。

6.2.1 黄色人种——蒙古利亚人种

蒙古利亚人种是世界三大人种之一，又称亚美人种或黄色人种。其起源地在中亚和东亚，由此逐渐向南亚、东南亚扩散。西伯利亚的楚克奇人和通古斯人，北极因纽特人（以前一般被称为"爱斯基摩人"）、美洲印第安人也都是起源于中亚和东亚，并属这一人种。蒙古利亚人种的主要特点是黄皮肤，体毛稀少，皮肤对雄性激素不敏感，故第二期被毛（性毛）不发达；面骨宽而平，颧骨靠近眼睛；鼻骨不高不低，鼻骨短，鼻根高（鼻子下端远离下巴），鼻翼中等宽度；牙齿呈抛物线排列，门齿呈铲形，牙齿较小；眼睛细长，眼裂小，有明显内眦褶（又叫蒙古褶，即内眼角处上眼皮覆盖下眼皮），外眼褶发达，眼珠为深褐色，部分人眼睛呈内低外高倾斜；头发黑色，直发，浓密，男性头发极粗，呈圆形，硬度大；头指数（头骨左右宽比前后长）大；B 型血比例最高；肱骨（上臂骨）粗，长；身材矮，躯干粗，男性上身呈倒三角形；幼儿生奶藓（胎迹，学名蒙古斑）。

黄种人又称蒙古利亚人种。蒙古利亚人种不是世界上人口最多的人种，纯蒙古利亚人种主要分布在东亚的中国、蒙古、朝鲜、韩国、日本；南亚的不丹、锡金；东南亚的缅甸、泰国、老挝、越南、柬埔寨、马来西亚、印度尼西亚、新加坡、文莱、菲律宾、东帝汶。在俄罗斯、尼泊尔、印度、美洲各国，也有相当多的黄种人。另外，蒙古利亚人种从两万年前开始从东亚向周围迁徙。所以，今天的中亚、西亚、南亚、东欧、中欧、北欧，很多的民族是黄白混血种。而今天的东南亚，太平洋诸岛，非洲的马达加斯加，很多的民族是黄种人与赤道人种的混血种。地理大发现后，美洲的蒙古利亚人种与白人又发生了广泛的混血，这种现象在拉美更加明显。

根据蒙古利亚人种的不同特点，又可分为亚洲蒙古人种和美洲蒙古人种（红种），亚洲蒙古人种又可分为北方蒙古人种、南方蒙古人种。有的学者把介于两者之间的汉、藏、朝鲜等民族称为远东蒙古人种或称东亚蒙古人种，日本人更多具有南方蒙古人种的特点。学者们还把蒙古人种和北欧白人的混血种叫乌拉尔人种或北极白海人种；把中亚的黄白混血人种叫南西伯利亚人种或中亚人种或突厥人种。对于南方的蒙古利亚人种，还可大致分为南亚蒙古人种和马来蒙古人种。在广阔的太平洋上，生活着蒙古人种和赤道人种的混血种，学术界一般把他们称为玻利尼西亚人种。爱斯基摩人被称为北极蒙古人种介于亚美蒙古人种之间，但更接近亚洲蒙古人种。北美的印第安人也比较接近亚洲蒙古人种，可能有古代中国人的血统。

历史上，蒙古利亚人种的种族特点出现的非常早。早在四五十万年前的北京猿人，就是铲形门齿，这是蒙古利亚人种的特有性状。山顶洞人是一种尚未分化的黄种人，他兼具了远东、北方、北极和美洲蒙古人种的特点，甚至正如当时北欧人具有蒙古利亚人种特点一样，他也具有一些北欧白人的特点。有的学者估计，山顶洞人已经和北欧白人在隔绝状态下繁衍了两万年。所以不管怎么说，山顶洞人已经是真正的黄种人了。

在远古，黄种人主要讲汉藏语系、阿尔泰语系、乌拉尔语系、南亚语系、马来语系和诸印第安各语言。近几千年来，黄种人开始从东亚向西、向南大规模迁徙。在近1万年前，乌拉尔人横扫北欧，但因文化过于落后逐渐被排挤到边远地区，乌拉尔人很早就开始和白人混血，现代乌拉尔人多是黄白混血种。主要语言是匈牙利语、芬兰语、爱沙尼亚语、莫尔多瓦语、科米语、阿卡利阿语。两千年来，北方草原的阿尔泰黄种人先后进入了阶级社会并开始了黄种人第二次西迁，在公元400年左右，被称为"上帝的鞭子"的匈奴人就进入了欧洲，征服了日耳曼的很多部落，并几次入侵罗马帝国几乎使之亡国。一位德国的军事学家说"鞑靼（蒙古）人用皮鞭给欧洲的骑士们上了一课。"也可能正因为如此，在人类学上黄种人的学术称谓是蒙古利亚人种。

东亚真正的主体是汉藏语系。它又分汉语族、缅藏语族、侗壮语族和苗瑶语族四部分。缅藏语族和汉语最接近，这些民族五六千年前就生活在甘肃、青海一带，大约 1 500 年前又有一部分人南下缅甸。缅藏语族的民族在中国的多数是远东人种，如藏、羌、彝、白等族，在缅甸、不丹、锡金和印度那加邦的都是南亚蒙古人种。侗壮语族和苗瑶语族的南下要早得多，因此这些民族都是南亚蒙古人种，但也有很多证据表明他们的北方起源。语言学家认为，在公元前 4 世纪讲泰语的民族可能还居住在汉江流域（当时的楚国境内）。今天，泰国人、老挝人、壮族人讲的都是侗壮语族的语言。而苗族人讲的是苗瑶语族的语言。

汉藏语系的主体是汉语族，汉语各民族在六七千年前就生活在黄土高原上，创造了当时的仰韶文化，五千年前，汉族各部落开始向南，向东迁徙。我国传说中的轩辕黄帝打败了东方九黎族的蚩尤，《史记》说轩辕黄帝在阪泉打败炎帝，然后"五十二战而天下咸服"。就是说在五千年前，轩辕黄帝统一了汉语族各部落，然通过数次战争使汉语在中国确立了统治地位。秦朝统一后，北方通用的汉语伸展到了岭南。从此，在人口和疆域都和欧洲差不多的中国，有了统一的语言，汉语也一直在东亚居主要地位。

汉族人的主体是远东人种，但长城两侧的人接近北亚蒙古人种，西北人也有北亚人种的特点，南方（江南）的汉人有南亚人种的特点，尤其是岭南人，比较接近于南亚人种。汉族的人种不同一性，跟地域广大和汉族历史上的扩展与同化有关。有时，语言学家也认为只有汉语族和缅藏语族是汉藏语系，而把另外两个语族叫泰语系。至于朝鲜人和日本人，他们的语言都和阿尔泰语很像，但朝鲜语又具有南亚语系的特点，日语又具有马来语的特点。朝鲜人是远东人种，日本人是带远东人种特点的南亚人种。笼统地讲，朝鲜人像北方汉人，日本人像南方汉人。

6.2.2 白色人种——欧罗巴人

欧罗巴人又称欧亚人种或高加索人种，与黄种人、黑种人并称"世界三大人种"，也是世界上人口最多的人种，占世界总人口的 54% 左右。白人是人类里一种白皮肤的人种，祖籍大多在欧洲及亚洲交界—乌拉尔山至高加索山一带。其特征是肤色浅淡；柔软波状的头发，颜色多金黄；眼色碧蓝或灰棕色；毛发较浓密；颧骨不高突；颚骨较平；鼻子窄而高；唇薄或适中。这一人种的代表是俄罗斯人、波兰人、德国人、法国人、英国人、印度人、巴基斯坦人等，主要分布于欧洲、美洲、大洋洲、非洲北部以及亚洲南部和西部。

白人的种族主要有日耳曼人、凯尔特人、斯拉夫人、拉丁人等。现代日耳曼人主要是德国人、奥地利日耳曼人（奥地利主体民族）、荷兰人、冰岛人、挪威人、丹麦人、瑞典人、以及部分法国－德国边境地区、瑞士的德语使用者。现代凯尔特人为爱尔兰人、威尔士人、法国布列塔尼人、高地苏格兰人等。英格兰人和苏格兰人既有日耳曼祖先（盎格鲁－撒克逊部落、北欧维京海盗），也有凯尔特祖先。现代斯拉夫人主要有俄罗斯人、乌克兰人、白俄罗斯人、波兰人、南斯拉夫的塞尔维亚族、捷克人、斯洛伐克人等。拉丁人主要是意大利人、法国人、西班牙人、葡萄牙人、希腊人、罗马尼亚人等。由于历史上的民族迁移，不同国家的人之间的通婚，以上的种族划分更多是文化上的，而不是严格意义的种族划分。

关于白色人种的起源，德国学者金布塔斯在 20 世纪 50 年代提出了印欧语族（现代欧洲人的祖先）起源于南俄大草原的观点。美国威斯康星大学教授纳兰扬在 1990 年又提出了不同观点，他认为印欧语族起源于古代中国西域以及周边的广大地区。无论是史料记载，还是考古发掘，都显示印欧语族中的吐火罗人与克罗马农人均曾在今新疆地区繁衍生息数千年。在商代甲骨文和《易经》爻辞中都留存着与西方强梁民族"鬼方"长年作战的记录，不少学者推测鬼方与吐火罗人有关。1980 年，新疆考古所与中央电视台《丝绸之路》摄制组合作，组织考察队，在罗布泊北端、孔雀河下游铁板河三角洲发现了两处古楼兰人墓葬，并出土了一具保存完好的女性干尸，她便是著名的"楼兰美女"。由于罗布泊低凹、干燥、高热的地理环境，很多遗址的发掘都伴随着古人干尸出土。令人惊奇的是，他们大部分都具有鲜明的白种人特征。而 1979 年孔雀河下游古墓沟原始社会氏族墓葬群发掘所得的一批遗骸，经著名人类学家韩康信等鉴别，均属古欧洲人种，其中一具干尸曾送南京大学地理系做碳－14 测定，距今 6 400 年；另一个头骨则与欧洲旧石器晚期克罗马农人（距今 5 万～1 万年）十分相似。

6.2.3　黑色人种——尼格罗人

世界上黑色人种主要分布在非洲，由于几百年前欧洲殖民者贩卖黑奴，他们现在也比较广泛地分布在美洲和其他一些地区。黑种人的体质特征是肤色黝黑，卷缩发，鼻宽、鼻根低或平，鼻突出度小，凸唇、口宽度大，唇厚；头骨上表现的特征是鼻指数大，鼻尖点指数小或中等，鼻根高宽指数小或中等，显著的齿槽突颌。在非洲发现的早期智人、晚期智人化石和现代非洲人表现了体质特征上的连续发展。此外，由于意大利的格里马尔底人头骨化石有很明显的突颌，有人认为这些化石与尼格罗人种起源有关。

尼格罗人种，原主要分布在非洲撒哈拉以南地区。具有典型尼格罗人种特征的，是非洲尼格罗人。另有一些其他类型：俾格米人居住在非洲热带森林中，个子矮小，肤色比尼格罗人稍浅，呈黄褐色，脸小而宽，头骨顶面观呈五边形轮廓；非洲南部的科伊桑人主要的两支是科伊科伊人和桑人。前者常被称为"霍屯督人"（意为"口吃的人"），后者常被称为"布须曼人"（意为"丛林中的人"）。科伊桑人在人种上与尼格罗人和俾格米人差别较大，在其体质特征中以"肥臀"最为特征，也就是妇女的臀部很发达。有人解释这是积存脂肪的一种独特方式，以免过多的脂肪像毯子一样包裹在躯干表面，表现出耐热的适应性。

黑种人又包括两大族系：苏丹族系和班图族系。二者在非洲的分布大致以赤道为界。苏丹族系居赤道以北，特点是肤色纯黑；班图族系居赤道以南，特点是肤色浅黑。如南非的黑人领袖曼德拉大家比较熟悉，其肤色就不是很黑，因为南非黑人属班图族系。此外还有两个比较特殊的族群：俾格米人和布须曼人，虽通常归入班图族系，但与其他黑人区别较大。

有人将棕色人种划归到黑色人种里（亦称尼格罗－澳大利亚人种、赤道人种），棕色人种与狭义的黑色人种相比，主要有两种差别：一是肤色为深棕色；二是胡子和体毛较多。其他特征相似。对黑人的称呼，英语中以前用 Negro，本为西班牙语"黑"的意思，但长期沿用下来有强烈的蔑视色彩，故现在多用"the Black"。

人种主要是在自然环境作用下形成的，可能是在近几万年内形成的，开始分布范围较小后来逐渐扩大。白种人则形成于高纬度的寒带地区。如北欧寒冷地区，光照少，云气多，紫外线弱，没有强烈的太阳辐射，体内无法产生保护身体的色素，因此，人的皮肤一般颜色浅淡。这种较浅的肤色却易于吸收微弱的紫外线，有利于身体发育。鼻梁较高，鼻子孔道长，可以使吸入的冷空气预先"温暖一下"。在中世纪时期，白种人主要分布在欧洲、西亚、北印度、北非。16世纪以后随欧洲殖民扩张扩散到美洲、大洋洲和其他地区（图6-2）。目前主要的发达国家为西欧和美国。在近几十年里，白人是流动力最强的种族。黑白混血人种包括埃塞俄比亚和索马里的库西特人。黄白混血人种包括突厥人种。

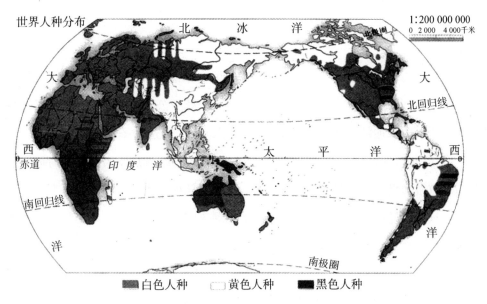

图6-2　世界人种分布图

6.3　人类思想意识的产生——宗教的起源

因为从旧石器晚期开始，人们开始有了埋葬尸体的习俗，并且会给逝者穿戴整齐、撒上红色粉末和生活用品，考古学家们将此作为远古人类从蛮荒走向文明的开始。直到母系社会的原始农业产生开始，人类逐渐意识到降水、温度、光照与收成之间的关系，大地、太阳、森林、水、火、雷、电都成为了人们的崇拜对象。相信现实世界之外存在着超自然的神秘力量或实体，并在神秘地统摄万物。

从而对拥有绝对权威、主宰人世命运的神秘的统摄产生敬畏，并引申出信仰认知及仪式活动。于是就出现了以某种自然体或生物为群体聚像为原始部落的标志的"图腾"，并从祭祀礼仪活动发展为一种属于社会意识形态的文化现象——宗教。宗教（Religion）一词源自拉丁语的 Religio，意指"连接"。相信通过宗教仪式可以主宰宇宙万物的神秘相联系，祈求平安。时至今日，形成于亚洲西部，分布在欧洲、美洲和大洋洲的基督教，根植于阿拉伯世界，传播于亚洲、非洲，与西亚、北非、中亚、南亚的伊斯兰教和起源于古印度、分布在亚洲的东部和东南部的佛教等并称为世界三大宗教。

6.3.1 打破婆罗门种姓血统论的佛教

佛教起源于古代印度，相传由迦毗罗卫国（今尼泊尔境内）净饭王的长子乔答摩·悉达多创立。悉达多生于公元前 565 年，死于公元前 485 年。因他是释迦族人，所以后来他的弟子尊称他为释迦牟尼，意为释迦的圣人。释迦牟尼得道后，广收门徒，被门人奉为"佛陀"，意为觉悟者。最初是作为一个反对婆罗门教的宗教派别出现的，它反对种姓制度，认为不凭种姓出身，不依靠婆罗门，不求神，只要通过正确的修行，任何人都能实现自己的宗教理想，从而打击了婆罗门维护的种姓血统论。

"四谛"是佛教的基本教义之一。四谛即苦谛、集谛、灭谛、道谛。"谛"是"真理"的意思，四谛就是佛教的四大真理。苦谛指现实存在的种种痛苦，主要有生、老、病、死、求不得、怨憎、别离、身心等 8 种苦。

佛教主要分为大乘佛教和小乘佛教两个派别。大乘，意为大道，其主要特点是崇拜偶像，主张自度和兼度他人，认为只要信仰虔诚，坚持苦修，人人皆可成佛。在哲学上，主张"法我皆空"，即主观的真实性与客观的真实性都不存在。小乘佛教是大乘教派信徒对原先的佛教的贬称。其特征是基本保持释迦牟尼的遗训，主张着重进行伦理的教诲，不崇拜偶像，认为普通人通过修行也可以"涅"，但不能人人成佛。在哲学上，主张"我空法有"，否认事物的主观真实性。其教义的要点是精神不灭、轮回转世、因果报应，因而主张广为布施，救济众生，不重今生重来世。

6.3.2 强调人人平等、爱人如己的基督教

基督教是当今世界上传播最广、信徒最多的宗教。它产生于公元 1 世纪中叶的巴勒斯坦地区，是由犹太人创立的。它是一种崇拜、信仰上帝和上帝之子"救世主"的宗教。"救世主"在古希腊文中称为"基督"，基督教之名由此而来。135 年，基督教从犹太教中分裂出来，成为独立的宗教。313 年，基督教成为罗马的合法宗教。392 年，基督教成为罗马帝国的国教，并逐渐成为中世纪欧洲封建社会的主要思想工具和精神支柱。1054 年，基督教正式分裂为罗马公教（天主教）和希腊正教（东正教）。16 世纪中叶，欧洲又发生了宗教改革运动，从天主教中陆续分裂出一些新的教派，统称"新教"，在中国称为"耶稣教"。因此，基督教是天主教、东正教和新教三大教派的总称。

基督教的创始人是耶稣。耶稣被传说为上帝耶和华之子，他出生在巴勒斯坦北部的拿撒勒，母亲名叫玛利亚，父亲叫约瑟。耶稣 30 岁时受了约翰的洗礼，又在旷野中经受了魔鬼撒旦的诱惑，这一切坚定了他对上帝的信念。此后，耶稣就率领彼得、约翰等门徒四处宣扬福音。早期的基督教徒大多是城市中的下层平民、奴隶、手工业者和小店主。耶稣向人们宣传天国思想，反对罗马帝国的残暴统治，痛恨富人，认为穷人在精神上是幸福的，卑微者终将成为大地的主人。耶稣的传道引起了犹太贵族和祭司的恐慌，他们收买了耶稣的门徒犹大，把耶稣钉死在十字架上。但三天以后，耶稣复活，向门徒和群众显现神迹，要求他们在更广泛的范围内宣讲福音。从此，信奉基督教的人越来越多，基督教逐渐传播到世界各地。

早期基督教强调人人平等，财富共享，这就使富人入教成为可能，有钱人大都拥有文化知识，教会的领导职务逐渐被他们所控制。基督教的性质开始发生了根本性的变化，它逐渐成为统治阶级的宗教。罗马帝国皇帝君士坦丁在 313 年正式承认了基督教的合法地位，基督教会成为国家统治机构的一个重要组成部分，成为欧洲封建制度最有力的支柱。基督教的教义比较复杂，各教派强调的重点也不尽相同，但基本信仰还是得到各教派公认的。基督教的教义可归纳为两个字——博爱。在耶稣眼里，博爱分为两个方面：爱上帝和爱人如己。在基督教的

教义中，爱上帝是指在宗教生活方面要全心全意地侍奉上帝。基督教是严格的一神教，只承认上帝耶和华是最高的神，反对多神崇拜和偶像崇拜，也反对宗教生活上的繁文缛节和哗众取宠。爱人如己是基督徒日常生活的基本准则，它的要求是：人应该自我完善，应该严于律己、宽以待人，应该忍耐、宽恕，要爱仇敌，并从爱仇敌进而反对暴力反抗。只有做到上述要求，才能达到博爱的最高境界——爱人如己。

基督教诞生至今已有两千多年。它对西方人的伦理观念、风俗习惯、文化教育、建筑以及艺术等方面都产生了重大影响，对人类也产生了深远的影响。在欧洲、美洲以及亚洲的许多国家，基督教被定为国教。希腊—罗马古典文化衰落后，基督教神学统治欧洲达 1 000 年之久，直到文艺复兴和宗教改革，基督教的权威才开始动摇。现在，基督教已经成为世界第一大宗教，教徒 15 亿，遍布世界各地。

6.3.3 信奉"前定"的伊斯兰教

7 世纪初，麦加人穆罕默德在希拉山洞的冥想中创立伊斯兰教，随即以蓬勃的活力蔓延于阿拉伯半岛，遍及半个世界。伊斯兰教信奉安拉为唯一之神，认为除了安拉再没有神，反对信多神、拜偶像，伊斯兰是阿拉伯语的音译，本意"顺从"。顺从安拉旨意的人，即"顺从者"，阿拉伯语叫"穆斯林"，是伊斯兰教徒的通称。在中国，穆斯林也称安拉为"胡大"或"真主"。穆斯林都相信穆罕默德是"先知"，是"安拉的使者"，是奉安拉之命向人类传布伊斯兰教的。

《古兰经》是真主的语言，是伊斯兰教的教义，教法的源泉，是穆斯林精神的灵感、慰藉的源泉。伊斯兰教认为世界发生的一切事情都是由安拉的意志决定的，任何人都不能改变，只能听天由命，这就是"前定"。

传入西域的伊斯兰教派主要是逊尼派、苏菲派、什叶派。逊尼派是西域人数最多的一个伊斯兰教派，信仰《古兰经》和《圣训》。苏菲派是伊斯兰教中的神秘主义派别，宣传神秘的爱、泛神论和神智论思想，提倡内心的修炼。苏菲派无视礼拜，认为只有经过苦苦修行，经历多种阶段，才能达到人神合一的最高境界。什叶派是伊斯兰教的一个主要派别，什叶一词原意为"派别"，什叶派不承认奥斯曼等人为穆罕默德的合法继承人，崇拜伊玛木的陵墓。

6.4 劳动与生活——人类语言、文字、艺术的起源

随着远古人的进化，狩猎、原始农耕以及物质分配、祭祀等社会活动的日益频繁，腊玛古猿式的简单的嚎叫已难以达成彼此的默契，尤其到南方古猿的人造工具时期，人类的思维意识得到提升，开始出现不同口型的元音，可以在最初连缀的语音中分化出来只言片语来表达眼前发生的实物，并通过约定俗成的记忆而固定下来。劳动工具的改进、特别是"火"的利用使猿人迅速向智人转化，熟食、温暖、光明与语言萌芽不断地刺激大脑，语言中枢也得到了极大地发展，分节语汇开始出现，人类可以借助肢体和符号进行简单的交流。到了旧石器中期，进入成熟阶段的语言条件基本具备，发音器官基本完善，人类可以按照语法关系随口呼出不同的音节进行交流，进行复杂的物质生活和最初的文化生活。

6.4.1 语言与文字的发展脉络

人类的语言在萌芽阶段是纷繁复杂的，具有模糊、不稳定、随意性等特点。同一种语言也会因部落的迁徙融合、图腾崇拜的变化、时间地理的变迁而产生变种，从而产生了方言。人类语言的发展在刻画文字阶段基本呈单一的形式发展，这主要原因在于这些语言文字有一个根本的文明源头——中华南方首创水稻农耕文明。这也就不难解释古人类虽或在东亚、南亚，或在西亚、北非，或在美洲、澳大利亚四处游动，但他们刻画的象形文字却大同小异、基本相同。人类最早的文字——中华刻画文字虽然后来在西亚、北非派生出巴比伦楔形文字、埃及圣书字和美洲象形文字，但最后真正发展成熟走向辉煌的唯一象形文字还是中华本土的汉字。它的基本发展轨迹是：刻画文、陶文、甲骨文、石籀文、钟鼓文、金鼎文、大篆、小篆碑帖、隶书、楷书、宋体等，一步步走向成熟，走向辉煌。它又是字母文字的鼻祖，中华闪（陕）族到地中海的一支腓尼基在中华形象字在古埃及的变种——圣书字的基础上创造了字母文字，成为字母文字的源头。如果不是这一字母文字的产生，使人类语言文字所表现的形式趋于纷乱复杂，今天人类的文字应当是由汉字统一的。

上面已经提到的闪（陕）族，是我国西北萨满崇拜的一支，原分布在中华伊犁河流域一带。中华古族大月氏受另一古族匈奴的进逼不得不从昆仑山一带西退，大月氏的西退又迫使伊犁河流域一带的闪族西迁到地中海沿岸。公元前15世纪，闪族的一支腓尼基在中华象形文字在埃及的变种圣书字的基础上创造了人类历史上第一批字母文字，共22个，只有辅音，没有元音，这就是著名的腓尼基字母。腓尼基字母较早传入希腊，演变成希腊字母，希腊字母滋生了拉丁字母和斯拉夫字母，成为欧洲各种语言文字的共同来源。一般地，西欧国家是以拉丁字母创造其语言的书面载体，故为拉丁语国家；东欧国家则多以斯拉夫字母创造自己语言的书面载体，故为斯拉夫语国家。腓尼基字母在西亚演化成阿拉米字母，阿拉米字母再派生出阿拉伯、犹太字母等成为亚洲许多文字的基础。一般地，西亚以阿拉伯字母为主，南亚受印度梵文字母影响较大，中亚兼收并用斯拉夫、阿拉米、阿拉伯等字母，东亚广大地区如日本、朝鲜、韩国、越南等国家历史上曾经长期使用汉语为其书面语。美洲印第安人虽带去了中华古老的象形文字，但语言文字没有多少发展；东非、北非的一部分地区受到阿拉伯字母的影响；非洲的大部、澳洲的广大地区由于生长在这里的民族还相对处于落后状况之下，大多还只是一些没有文字表述的土著语言。我国历史上一些创造了文字的民族如藏、蒙、满、维的文字均是由阿拉米字母直接或间接发展而来。

近代历史后，由于整个历史格局的变化，美洲、非洲、澳洲或被占领或被殖民，使用了殖民者的语言——拉丁字母语言，如西班牙语、葡萄牙语、英语、法语等。南亚、东南亚一带原有本国文字语言或使用汉语的国家也纷纷引进了西方拉丁语系的殖民语言——英语。拉丁字母语言之所以今天分布如此之广之众，并不是它有多少优越之处，相反，是近代这场血与火的罪恶殖民史的历史见证。

6.4.2 情感纪实之需——文字与艺术的雏形

文字是人类用来记录、交流的视觉符号系统。相对于语言这个交流工具而言，它可以和语言相互转换，但不仅是语言的记录而且是可以独立于语言而存在的。文字是文明社会产生的标志，文字在发展早期都是图画形式的表意文字（象形文字），发展到后期都成为记录语音的表音文字。和语言符号相比，文字符号的特点是形、音、义三结合的，字形、字音、字义是文字的三要素。

结绳记事，是文字发明前人们所使用的一种记事方法。上古时期的中国及秘鲁印第安人皆有在一条绳子上打结用以记事的习惯。奇普是古代印加人的一种结绳记事的方法，用来计数或者记录历史。原始社会创始的以绳结形式反映客观经济活动及其数量关系的记录方式，《易·系辞下》记载："上古结绳而治，后世圣人易以书契，百官以治，万民以察"。因此，结绳记事（计数）作为当时的记录方式是具有客观基础的。在汉语中，许多具有向心性聚体的要事几乎都用"结"字作喻。而"结发夫妻"一词也源于古人取长发相结以誓爱情永恒。有诗云"交丝结龙凤，镂彩结云霞，一寸同心缕，百年长命花"就是生动的描写。

契刻记事，也是先民用来帮助记忆的一种实物记事法。发现于河南安阳殷墟甲骨文就是契刻文的一种，使用了象形、指事、会意、形声的汉字造字法，在字义的使用上可以明显看出假借方法。甲骨文中大约有 4 500 个单字，内容涉及商代盘庚武丁、祖庚祖甲、廪辛康丁、武乙文丁、帝乙帝辛时代的政治、经济、军事、气候、习尚等许多方面，是研究当时历史的重要资料。1987 年，河南省文物研究所在舞县北贾湖村东侧一处距今 8 000 年左右的原始社会聚落遗址中发掘出甲骨契刻符号，记录内容是为了记事或抒发情怀，称其为中国最早的文字雏形。它比以往发现的仰韶文化或大汶口文化陶器上的符号或图形要早一二千年，个别符号形体已与安阳殷墟出土的商代甲骨文字字形相似。甲骨文是汉字成熟的标志，和楔形文字、象形文字一样属于表意文字，也是目前世界上唯一使用的一种表意文字的前身。

图画文字是在文字画基础发展出来的，图画文字与有声语言有直接联系，它记录了语言中词的声音和意义，因此说是文字的雏形（或者称作原始文字）（图6-3）。图画是人们对自然界的艺术再现，通过画面表达画者的思想意境，是一次人类文明史上的质的飞跃。美国当代美学家苏珊·朗格从符号学美学出发，认为只有人才能制造符号和使用符号，从原始民族的礼仪到文明社会的艺术，艺术是情感的表现，艺术活动的实质就在于创造表现人类情感的符号形式。

把图画文字上升到艺术，既不单纯是一种本能，也不仅仅是为了纯粹实用的目的，而是两者的结合。无论汉语、英语、希腊语、拉丁语，最初的"艺术"一

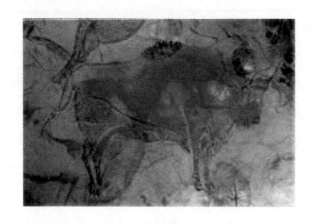

图6-3　古代图形文字

词无不与技艺有紧密的关系。普列汉诺夫进一步指出"劳动先于艺术，人最初是从功利观点来观察事物和现象，只是后来才站到审美的观点上来看待它们。"

人类的文字史分为三个阶段：形意文字、意音文字和拼音文字。形意文字，包括刻符、岩画、文字画和图画字。故又称表意文字，是一种图形符号只代表语素，不能用于记录语言。意音文字，是一种图形符号既代表语素又代表音节的文字系统，是人类文字史走出原始进入古典时期的标志。发展成熟而又代表高度文化的意音文字很少，只有西亚的丁头字、北非的圣书字和东亚的汉字。丁头字和圣书字早已废止使用，汉字是当今世界上唯一仍被广泛采用的意音文字。拼音文字又称字母文字，是继形意文字和意音文字之后人类文字史的第三个阶段。字母文字的发展又分为三个时期，即音节字母时期、辅音字母时期、音素字母时期，而音素字母时期还可以再分出"拉丁字母国际通用时期"等。

6.4.3　劳动创造了人类，人类创造了艺术

迄今为止，世界上考古发现的最早的艺术作品要算西班牙阿尔塔米拉洞穴中的壁画了，有20多个旧石器时代动物的形象，其中包括野牛、野猪、母鹿等，这些洞与形象被描绘得非常逼真、生动，有正在跑的，有已经受了伤的，也有被追赶而陷于绝境的，显然都是对现实生活中动物各种神情姿态的模仿和记录。因此，关于艺术的起源古希腊哲学家德谟克利特和亚里士多德提出的"摹仿说"，德国作家席勒和社会学家斯宾塞提出的"游戏说"，德国考古学家雷拉克提出的

"宗教魔法说"，英国人类学家爱德华、奈勒、弗雷泽和美国心理分析学家弗罗姆提出的"巫术说"，奥地利精神病理学家弗洛伊德提出的"心灵表现说"，俄国马克思主义理论家普列汉诺夫提出的"劳动说"等。

从19世纪后期以来，西方现代主义文艺思潮的主要理论基础就是强调艺术应当"表现自我"。席勒在他著名的《美育书简》中指出，人在现实生活中，既要受自然力量和物质需要的强迫，又要受理性法则的种种约束和强迫，总是想利用自己过剩的精力，来创造一个自由的天地来实现物质和精神、感性与理性的和谐统一。我国汉代《毛诗序》也有"情动于中而形于言，言之不足故嗟叹之，嗟叹之不足故咏歌之，咏歌之不足，不知手之舞之，足之蹈之也"等之类的表述。美国当代美学家苏珊·朗格从符号学美学出发，进一步认为艺术是人类情感的符号形式的创造，艺术品就是人类情感的表现性形式。只有人才能制造符号和使用符号，从原始民族的礼仪到文明社会的艺术，无非都是人所制造和使用的符号，只不过艺术符号不同于其他任何符号，因为艺术是人类情感的符号，艺术活动的实质就在于创造表现人类情感的符号形式。

同阿尔塔米拉洞齐名的法国韦泽尔峡谷拉斯科洞窟壁画，被誉为"史前的罗浮宫"。这是一条在地质年代的第三纪形成的大型岩洞。洞窟绝大多数的岩画作品绘于约公元前15 000年，包括147个旧石器时代的史前遗址和25个内有壁画的洞穴。这里无论是从民族学、人类学还是美学角度

图6-4 法国韦泽尔峡谷拉斯科洞窟壁画

来看，都非常令人着迷，因为这里的壁画中的打猎场面有约100种动物形象描绘细致、色彩丰富、栩栩如生，对研究人类史前艺术史有着非常重要的意义（图6-4）。从壁画对狩猎场面的记录描绘可以看出，艺术不仅仅是为了纯粹的情感的宣泄、单纯的模仿或是宗教、游戏、巫术目的。普列汉诺夫曾经说过，艺术"在其发展的最初阶段上，劳动、音乐和诗歌是极其紧密地互相联系着，然而这三位一体的基本的组成部分是劳动，其余的组成部分只有从属的意义。"普列汉

诺夫进一步指出，劳动先于艺术，人最初是从功利观点来观察事物和现象，只是后来才站到审美的观点上来看待它们。劳动创造了一个人造的世界，劳动的产品则在人的对象世界中增加了一个人造世界，或称第二自然。而无论汉语、英语、希腊语、拉丁语，最初的"艺术"一词无不与技艺有紧密的关系。正如恩格斯在《劳动在从猿到人转变过程中的作用》这篇文章里所说的"劳动和自然界一起才是一切财富的源泉，自然界为劳动提供材料，劳动把材料变为财富。但是劳动还远不止如此，它是整个人类生活的第一个基本条件，而且达到这样的程度，以致我们在某种意义上不得不说：劳动创造了人本身。"

6.4.4 科学技术推动生产力的高速发展

学习世界史，可以清楚认识到科学技术是推动人类文明进步的强大动力。早在远古时代，人类的猎狩等食物采集是最重要的生产劳动，经过漫长的实践和经验的累积，石器、弓箭、火是原始文明的重要的发明。农业文明产生了青铜器、铁器、陶器、文字、造纸、印刷术等科技成就，人类对自然的利用由"赐予接受"变成"主动索取"，经济活动开始主动转向生产力发展的领域，开始探索获取最大劳动成果的途径和方法。随着科技和社会生产力空前发展，自工业文明开始人类对自然可以"征服者"而自居，开始对自然进行"审讯"与"拷问"。

发生于1750年至1850年的第一次工业革命，导致煤成为新能源并得到广泛应用，纺织机、蒸汽机、有线通信和无机化工材料、高炉炼钢技术等相继问世，开辟了科技进步和产业革新的新时代。从1850年到第二次世界大战前夕的第二次工业革命使得石油和电力成为新能源，发动机、内燃机、汽车、飞机、转炉炼钢、有机化工材料、电话及无线电通信，成为经济发展和社会发展的强大驱动力。从第二次世界大战到20世纪80年代，第三次工业革命使原子能等利用技术脱颖而出，计算机、集成电路、光纤通信、基因工程、自动化技术、柔性加工系统，使世界科学技术发生了能级飞跃，产业结构发生了深刻变革。20世纪80年代以来，新科技革命正推动第四次产业革命浪潮的涌动和冲击，当代科学的前沿阵地孕育着新的重大突破，微电子技术、信息技术、生物技术、新材料技术、新能源技术、空间技术、海洋技术、人类生命科学技术和载人航天技术等高新技术产业群体迅速崛起。

当今世界，科技革命建立起"人化自然"的新丰碑，科技对经济增长的贡献率由 20 世纪初的 5%～10% 上升到 80% 左右，人类运用科学技术的武器以控制和改造自然取得空前的胜利。而高科技成为撬动地球的支点，人类正在利用这个支点展开更大规模的征服大自然的活动。随之而来的是，地球上的生态、环境、资源和人口等问题也出现了前所未有的危机，成为制约人类社会可持续发展系统的重要功能因子。因此，基于对工业文明以牺牲环境为代价获取经济利益的反思、传统发展观的批判，建筑在知识、教育和科技高度发达基础上的文明，强调自然界是人类生存与发展的基石，明确人类社会必须在生态基础上的人类经济社会可持续发展的"生态文明"被提了出来。

地球文明的显现，是人类在自然界的生存竞争中逐渐积累而流传下来的文化发展，而追求"天人合一"的境界，达到生态环境保护、资源永续利用，社会经济可持续发展的协调，基础是继承先前文明的一切积极因素。在人类文明史的演进过程中，曾经多次或频繁出现残酷的战争，并肆无忌惮地对大自然进行掠夺，说明人类有极端利己主义的卑劣天性。不过随着文明一步步地向更高级的阶段延伸，人与人之间互相尊重、互惠互利，人与自然之间和平共处、和谐统一逐渐成为人类社会的主流意识。两千年前，中国的道家鼻祖李耳倡导的"无为之治"、儒家先哲孔子的"己所不欲勿施于人"以及墨家思想的核心"兼爱、非攻、尚贤、尚同、天志、明鬼、非命、非乐、节用、节葬"等都在哲学层面进行了理论探讨。19 世纪，一个没有国籍的"世界公民"卡尔·马克思的光辉著作《资本论》运用唯物史观的观点和方法，将社会关系归结为生产关系，将生产关系归结到于生产力的高度，证明了社会形态的发展是一个不以人的意志为转移的自然历史过程。而当进入信息时代的今日，"地球村""全球一体化""生态文明""科学发展"等名词、理念的出现，证明人类社会已经在向现代文明高度迈步。

结 语

极度改造世界的"人类世"

　　有一句广告语是"地球人都知道",可以把它借用过来说明 6 000 万年前的恐龙灭绝事件所引发的对人类社会的广泛关注。曾经的"地球霸主"恐龙在地球上统治了 2.5 亿年,而接替恐龙的人的存在大约只有 20 万年,还远不能与恐龙相比。但恐龙不知道是什么袭击了它们,导致了地球气温降到了维持生存繁衍的温度以下,因此无法掌握自己的命运。而人类却对地球做出了巨大改革,诸如工业化代之而来的是"温室效应"这一威胁生态平衡的改变,制造出被称之为"不寻常的地球系统"。如果地球温度再攀升 5~6℃,那么类似恐龙的命运也可能在等着人类。为此,《科技日报》于 2011 年 5 月 19 日刊载了常丽君的文章,文章介绍了在英国地质学会召开的专题讨论会上,来自世界各国各领域的科学家共同探讨的一个问题。这就是,在千万年后地球沉积岩的记录里,代表着人类主导地球的这段时期,是否会显出完全不同的地质特征?智人时代能否也像恐龙繁荣的时代一样,标记出侏罗纪和白垩纪?"人类世"能否作为一个正式名词列入地质年代表。

　　一、我们正处于一个全新的地质时代——人类世

　　"人类世"这一名词由 1995 年诺贝尔奖得主荷兰大气化学家保罗·克鲁岑提出,他认为虽然"人类世"会跨越多久还未能最后确定,但在地球 46 亿年的历史上，人类从根本上改变了地球的形态学、化学和生物学，我们应该认识到这一切。美国马里兰大学地理与生态学教授厄利·艾利斯说："我们不知道人类世将会发生什么，可能会更好。但我们需要从不同角度全面思考，来行使对这个行星的所有权。"

"人类世"这一概念提出 10 年来，已被各领域科学家广泛接受，但也引发了激烈的争论。一方面，岩石专家怀疑，国际地层学委员会会不会认可人类现在与未来所留下的地质印记的价值；另一方面，这一概念也迫使我们思考：人类外加于地球的影响会导致不期望的、无法控制的后果如何定义？人类应该为此做些什么？而支持一方则提出了从地质分类考量的多方论据。

地质年代上突然变化的证据——人造物成为绝对主流。这表现在化石燃料的燃烧已经改变了大气成分，二氧化碳浓度达到了 80 万年以来，甚至是 300 万年以来的最高点。由此导致全球变暖，又引起其他一系列全球性变化，如大规模的冰川融化、海洋酸化等。

生物领域生物圈的改变——物种大量灭绝。从地质学角度看，90% 的生命形式仅一眨眼之间就消失了。在过去的 5 亿年间已有 5 次这样的灭绝，目前进入了第六次，物种灭绝的速度是以往几次的 100～1 000 倍。而在 100 万年以来却出现相同的物种同化事件等"非常明显的考古记录信号"。

外层地壳和岩石圈的改变——数以千计的水坝已经"完全改变了地球的陆地供水方式"。美国科罗拉多大学教授詹姆斯·塞维斯基指出，经过两个世纪的工业化采矿修坝、采伐森林和农业种植，我们正在雕塑着地球的表面。

大气二氧化碳浓度的衡量指标——人类对地球环境的影响远远超过全新世的全部变化。离我们最近一个地质时期为全新世，始于地球从上一次冰期复苏，距今约 12 000 年前。地球大气层二氧化碳浓度在 260×10^{-6}～285×10^{-6} 水平时，持续了近 12 000 年，而现今达到了 390×10^{-6}，未来 10 年确信还会上升到更高水平。

关于确定"人类世"过程中的时间问题。一些学者认为，定在农业出现之时（大约 8 000 年前）更合适。也有人倾向于 19 世纪中叶蒸汽机的出现，化石燃料开采和消费量成指数上升。即以始于 20 世纪 50 年代的工业化"大提速"聚集了温室气体浓度、臭氧消耗、大洪水、森林和物种损失等方面的关键指标。科学家们认为，支撑绝大部分生命的、巨大而复杂的化学与生物相互作用的网络严重失衡，用"人类世"这个词来命名这些改变，将有助于将人们的思考集中到未来所要面对的挑战上。

二、人类正进入日益危险的时期

影片《重返地球》于 2013 年 6 月在全球公演。预告片一开始便为我们展现了惊心动魄的坠机过程——地球发生毁灭巨变，人类被迫逃离移居他星的 1 000 年后，因为一次坠机意外让赛弗·瑞奇将军与儿子契丹·瑞奇迫降于早已荒废并面目全非的地球。在将军身受重伤的情况下，契丹·瑞奇必须踏入完全陌生的险境发出求援信号。而面对地球上早已进化的各种可怕生物的严重威胁，父子必须学习携手合作，在危险的地球上寻找回家的路。"你知道这里是哪吗？这里是地球。""这个星球上的每个东西都进化得能够杀死人类。"两位男主角的画外音道出了地球的凄凉和恐惧。他们能否重返家园？是否能在地球重新扎下根来？谜底并未揭晓。

被迫撤离地球而又"重返地球"，是不是危言耸听，我们来听听英国物理学家斯蒂芬·霍金的说法。他在新影集《跟着霍金探索美丽新世界》一剧首播前接受访问时称，人类的遗传密码带有自私与侵略的本能，世界人口及人类使用地球有限资源的程度正在以指数方式增加，长期存活下来的唯一机会不是持续躲在地球度日，而是向太空发展。中国的一位小朋友江孟婷也在《1 000 年后移居外星球》的作文中提出这样一个问题，按照科学家总结出适合生命生存的四大标准，在宇宙中只有 5 个符合标准的星系。按照现在航天飞机的速度，到达其中最近的一个也需要若干万年。即使我们到达了适合生存的星球，又如何解决饮食、生命等一系列的问题呢？霍金对人类消耗有限的自然资源的方式忧心忡忡，小朋友在为 60 亿地球人移居外星的饮食问题犯愁。

地球是人类的家园，是人类把地球带入文化和文明的顶峰。但千百年以来，人类砍伐了地球上 2/3 的森林，污染了 3/4 的河流，几乎动用了地球利用数十亿年积累的大部分矿产，如今的地球在发烧、土地在退化、冰川在消融、沙漠在延伸、雨水在变酸、大气圈出现臭氧层空洞，曾经是晴朗的天空也被蒙上一层厚厚的雾霾，是人类把地球生态环境推进到前所未有的灾难中。中国有一句谚语是

1 000 年后移民到外星

"解铃还须系铃人",人类要想拥有永生的地球,就得负起保护地球的责任。当地球自己的修复能力已达到饱和的情况下,要救地球需要我们从自身做起,使地球可到达永生,使我们有快乐的生活。不让赛弗·瑞奇与儿子契丹·瑞奇重返地球的事件发生。茫茫苍穹,只有一个地球!适合人类生存、发展的,只有这一个地球。

三、用感恩、敬畏之心,善待地球

数千年来,人类凭着辛勤劳动和聪明才智,创造了巨大的社会财富,培育了光辉灿烂的文化,积累了高度发达的科学文化和技能,建起了人类生活的乐园。但是,同时人类任意挥霍着地球上的资源,近几百年来更是肆无忌惮地污染地球的环境。由于不可持续发展的生产方式和消费方式,使蔚蓝色的大气层变成灰色,臭氧层出现愈来愈多、愈来愈大的空洞;大地上的绿色被大片大片抹去,南极冰原上却长出点点不合时宜的绿洲;黄沙吞噬着良田,流水带走肥土,裹携着白色的泡沫掺进"春来江水绿如蓝"的江河,涌向大海,身后留下块块"死亡雷区";地风接二连三地横扫过大地,巨浪无情地冲过堤坝,城镇和村庄顷刻变成水乡泽国;热浪袭过千里赤地,蝉鸣鼓噪,土裂地开,颗粒无收……地球的负担和遭受的灾难实在太多太多了。

目前,还有另外一组科学家正在收集相关证据,考察人类活动导致生物多样性、岩层结构发生变化给地球带来的影响。科学家们指出,人类已经生活在一个人造的新地质时期,地球的演化不再是由自然循环为主导,而是完全由人类来控制。近年来包括环境污染、人口剧增、急遽的都市化进程、化石燃料的使用、旅游、矿山开采等人类的活动，都给我们赖以生存的星球带来了巨大的前所未有的变化，迫使"人类世"接过全新世的接力棒。尽管"人类世"这一名称要获得正式确认还需要时间，但"人类世"作为人类历史和地球历史的双重身份、自然力和人力相互交织，一损俱损、一荣俱荣的新时代已经到来。

地球是天生的，天生的地球是不可能由人来再造的。

人类属于地球，地球却不仅仅属于人类。地球，是人类与世间万物的共同家园。我们在地球的怀抱里，要充满感激之情和敬畏之心。不能寄希望于另一个地球的发现，让万物灭绝而自己背井离乡"远走高飞"。亡羊补牢，为时未晚！让我们行动起来，爱护我们的家园——地球。

地球科学——人类社会可持续发展战略的科学支撑

随着人类社会对外太空、地球深部、海洋和极区的探索空间的开拓，地球科学已经形成从矿物分子微观结构到星际空间、从瞬间地震过程到几十亿年地球演化，时空尺度复杂多样的、多学科交叉综合的知识体系，成为人类社会在自然灾害防治、保护与环境修复、促进生态系统良性循环、协调人与自然关系等方面不可或缺的理论基础与技术支撑。

1. 奠定可持续发展理念的理论基础

当现代社会发展面对人口与资源、生态与环境的多重压力，而地球系统科学，将地球连同所处的宇宙空间做一个大系统，通过"上天、入地、下海"从三维空间动态地探测地球系统的结构和运动形态，梳理这个大系统下的行星系统、地核和地幔系统、岩石圈系统，水圈和大气圈系统、生物圈系统。着重对深海大洋、高温高压、空间探测和对陆地表层、近海各组成要素演化过程及其相互作用的耦合研究，特别是发生在陆地表层的物理、化学、生物过程和人类活动以及它们之间相互作用机制，成为地球学科发展的前沿领域。如标志着人类携手控制温室气体排放进程正式启动的《气候变化框架条约》，人类第一个通过自身行动来保护气候的国际文书《京都议定书》，其产生的背景恰恰是地球系统科学所提供的重要数据。这就为"既能满足当代人的需要、又不对后代人满足需要的能力构成危害"的可持续发展理念奠定了理论基础。

2. 引领社会变革与技术革命的兴起

矿业是人类从事生产劳动最古老的领域之一，从石器到青铜器、铁器，从工业革命到信息时代，人类对矿产资源的开发利用规模和程度成为划分历史发展阶段的一种标尺。而经历了近三百年的工业革命之后才发现，人类社会已经成为与地球息息相关而交织在一起的整体，矿业和以矿产品加工业一般要占到整个工业生产总值的60%左右，但构筑这个强大物质文明社会的基础——自然资源的供应正在出现危机。在上述背景下，矿物学和晶体化学研究取得较大进展，使工业新材料研究起点越来越高。深海油气田的勘查开发、可燃冰与页（砂）等新矿种的出现极大地改变着世界能源结构和工业布局。

与此相应，地球系统科学突破了以学科为导向的研究，开始正视人口爆炸、土地荒漠化、自然资源枯竭、环境污染加剧、温室效应与全球变暖臭氧层破坏、森林锐减和物种加速灭绝等现实问题，力求探讨其中的深层原因，给出摆脱困境的办法。而另一些研究则直面防灾减灾、水资源、碳循环经济、食物与纤维、环境保护与治理等重要问题，建立在动力学及高性能计算基础上的数值模拟以及数字化的地球信息系统，试图从事物的普遍联系中把握机理，指明前进的方向。

3. 全球气候变化及其区域响应与防灾减灾中的基础研究

地表环境是人类赖以生存和发展的基础，而灾害、污染与生态破坏、环境质量下降等动摇着可持续发展的根基。尤其是大气中 CO_2 和其他稀有气体浓度增加导致全球气候变化向人们揭示了一个重要的事实，这就是今天人类对地球环境的负面影响在较短时间尺度上已日益接近自然本身的承载能力。国际地学界自上世纪着手开拓全球变化研究的新领域，从研究海洋、陆地和大气的相互作用、探索地质演变过程中物流能流的变化规律，认识季风区气候系统各种时间尺度的变动规律，描述地球系统运转的机制及人类活动对地球环境的影响，提高预测未来环境变化的能力。

我国的陆地表层与近海系统的宏观环境格局具有鲜明的特色，从世界屋脊到近海之间的地势阶梯与季风气候，西北地区的荒漠化与东部人地关系形势严峻的城市化对比鲜明，构成一个相互联系的复杂系统。从全球环境来看，青藏高原是地球 5 000m 高空的加热中心，西太平洋暖池又是海平面高度的全球加热中心，是当今世界上能流、物流最强的地区。因此，以中国及邻区为重点综合研究陆表过程、近海过程，特别是人类参与作用下所构成的陆地表层系统和近海系统的集成研究，既是地球科学发展所面临的新的突破点。

4. 日地空间环境研究

日地空间是由地球空间、行星际空间和太阳外层大气组成的庞大系统。其中地球空间是人类赖以生存的保护层，是居于地球大气圈之上的中层与热层大气、电离层和磁层，也是地球系统最外的圈层。随着空间技术的发展，太空资源的利用正以空前的规模渗透到人类生活的各个方面。了解日地系统不同区域之间的相互作用及能量传输和转换成为研究的主要目标，空间探测卫星观测太阳活动和空间环境对气候和生态环境的影响、通过类地行星研究探讨地球空间和低层环境有重要影响的现象，不同尺度的相互作用和三维动力学过程已成为研究深化的突破口。

5. 生物与地球的协同演化研究

生命过程与地球非生命部分的演化是相互作用、相互制约的协同演化过程。继大陆漂移—海底扩张—板块学说之后，人们从地球系统整体行为角度综合多学科来探索地球及其大气圈、水圈和生物圈在地质历史时间演化的记录，在发现和明辨地球历史上地球环境演变对生命演化影响的同时又揭示了目前尚未知晓的地质事件，而且对于进一步理解生命起源和地外生命都有重要的理论意义。

我国不但保存了寒武纪至白垩纪完整而连续的地质和化石记录，且发现了澄江动物群和热河动物群等罕见的特异埋藏的化石宝库；丰富的古人类化石和人类其他遗存对古人类在我国的时间变化、地区间的关系以及境外人群的关系的了解将越来越全面。因此，通过多学科交叉与综合（包括地质学、古生物学、分子生物学等），我国必将对显生宙生物宏演化理论做出特有的贡献。

综上所述，诸如板块构造理论等地球科学重大成果已经对 20 世纪地球科学的发展做出了重大贡献。那么展望 21 世纪，地球系统科学新思维与地球观测新技术将对地球科学的发展，增强人类管理地球能力、提高产生力，将产生革命性的影响。

参考文献

[1] 杨坤光，袁晏明．地质学基础［M］．武汉：中国地质大学出版社，2009：383 - 405.

[2] 中国科学院地学部地球科学发展战略研究组．21 世纪中国地球科学发展战略报告［M］．北京：科学出版社，2009：483 - 488.

[3] 陶世龙，万天丰．地球科学概论［M］．2 版．北京：地质出版社，2010.

[4] 赵旭阳．地球科学概论［M］．北京：人民教育出版社，2008.

[5] 叶正仁，滕春凯，张新武．板块运动和地幔对流的相互作用［D］．长沙：中国科学院地球物理研究所，1993.

[6] 周瑶琪，宋晓东．地幔动力系统与演化最新进展评述［J］．地学前缘，1998，5（S）：11 - 30.

[7] 陈晋阳．地幔对流与板块构造的研究进展［J］．地球科学进展，2001，16（4）：587 - 589.

[8] 徐义刚，何斌，黄小龙，等．地幔柱大辩论及如何验证地幔柱假说［J］．地学前缘，2007，14（2）：1 - 9.

[9] 王少怀．地幔柱假说及地质意义［J］．地质找矿论丛，2005，20（S）：1 - 5.

[10] Hlll R. I.，韩欣．地幔柱与大陆构造［J］．地质科学译丛，1993，10（3）：8 - 14.

[11] 曾庆存，林朝晖．地球系统动力学模式和模拟研究的进展［J］．地球科学进展，2010，25（1）：1 - 6.

[12] 周瑶琪，吴智平，章大港，等．对地质节律与地球动力系统的思考［J］．地学前缘，1997，4（Z2）：85 - 94.

[13] 朱炳泉．关于地球动力学中的地幔对流理论［J］．地质地球化学，1978，（7）：18 - 23.

[14] 谢鸣一，谢鸣谦. 论板块运动的驱动力 [J]. 地质科学，1987，(3)：209 – 219.

[15] 王仁. 我国地球动力学的研究进展与展望 [J]. 地球物理学报，1997，40 (S)：50 – 59.

[16] 滕吉文，杨辉，张雪梅. 中国地球动力学研究的方向和任务 [J]. 岩石学报，2010，(11)：3159 – 3176.

[17] 杨静一. 地幔对流假说的发展及其意义 [J]. 科学学研究，1992，10 (3)：32 – 37.

[18] PHILIP KEAREY, KEITH A. KLEPEIS, FREDERICK J. Vine. Chapter 10：Orogenic belts. Global tectonics. 3rd [M]. Wiley – Blackwell，2009.

[19] David Johnson. The orogenic cycle [M]. The geology of Australia. Cambridge University Press，2004.

[20] 柴东浩，陈廷愚. 新地球观 – 从大陆漂移到板块构造 [M]. 太原：山西科学技术出版社，2000.

[21] J T. 威尔逊，等. 大陆漂移 [M].《大陆漂移》翻译组，译. 北京：科学出版社，1975.

[22] ALLEGRE J. 活动的大陆 [M]. 孙坦，张道安，译. 北京：科学出版社，1987.

[23] 金性春. 漂移的大陆 [M]. 上海：上海科学技术出版社，2000.

[24] 徐世浙. 古地磁学概论 [M]. 北京：地震出版社，1982.

[25] 刘椿. 古地磁学导论 [M]. 北京：科学出版社，1991.

[26] J. COULMB. 海底扩张与大陆漂移 [M]. 刘光鼎，译. 北京：海洋出版社，1980.

[27] 傅承义. 大陆漂移海底扩张和板块构造 [M]. 北京：科学出版社，1972.

[28] 乔恩·埃里克森. 揭开地球神秘的面纱—板块构造 [M]. 张元元，石头，译. 北京：首都师范大学出版社，2010.

[29] 列昂节夫. 海岸与海底地貌 [M]. 王乃梁，等，译. 北京：中国工业出版社，1965.

［30］马宗晋．地球构造与动力［M］．广州：广东科技出版社，2003．

［31］李春昱，郭令智，朱夏，等．板块构造基本问题［M］．北京：地震出版社，1986．

［32］M. MATTAUER．地壳变形［M］．孙坦，张道安，译．北京：地质出版社，1984．

［33］上田诚也．新地球观［M］．常子文，译．北京：科学出版社，1973．

［34］都城秋穗，安芸敬一．造山运动［M］．北京：科学出版社，1986．

［35］陈智梁．寻觅失踪的特提斯海［J］．海洋世界，1996，（6）：22－23．

［36］特可特 D L，舒伯特 G．地球动力［M］．北京：地震出版社，1986．

［37］LOVERING, J. F., PRESCOTT, J. R. V. 最后的大陆－南极洲［M］．董兆乾，等，译．北京：科学出版社，1987．

［38］陆松年．中国前寒武纪重大地质问题研究－中国西部前寒武纪重大地质事件群及其全球构造意义［M］．北京：地质出版社，2006．

［39］GABRIELLE WALKER. Snowball Earth［M］. Bloomsbury Publishing，2003．

［40］ROGERS J J W, SANTOSH M. Configuration of Columbia. A Mesoproterozoic Supercontinent［J］. Gondwana Research，2002，5（1）：5－22．

［41］陈国达．地壳的第三基本构造单元—地洼区［J］．科学通报，1959，（3）：94－96．

［42］朱训．德兴斑岩铜矿［M］．北京：地质出版社，1983．

［43］袁见齐．矿床学［M］．北京：地质出版社，1984．

［44］弗·依·斯米尔诺夫．矿床地质［M］．北京：地质出版社，1985．

［45］翟裕生，邓军，李晓波．区域成矿［M］．北京：地质出版社，1999．

［46］宋学信，陆峻．全球矿产资源形势［M］．北京：地质出版社，2003．

［47］李大民，孙永君，许文进．甘肃天鹿砂岩型铜矿床地质特征及成矿模式［J］．矿床地质，2006，25（3）：312－320．

［48］赵鹏大．矿产勘查理论与方法［M］．武汉：中国地质大学出版社，2006．

［49］国土资源部信息中心．2006－2007 世界矿产资源年评［M］．北京：地质出版社，2008．

[50] 毛景文. 中国矿床模型概论 [M]. 北京：地质出版社，2009.

[51] 何生. 石油及天然气地质 [M]. 武汉：中国地质大学出版社，2010.

[52] 王思源. 应用矿床 [M]. 武汉：中国地质大学出版社，2010.

[53] 《中国矿业年鉴》编辑部. 中国矿业年鉴2011 [M]. 北京：地质出版社，2012.

[54] 联合国粮食及农业组织. 2011年世界森林状况 [R]. 罗马，联合国粮食及农业组织，2011.

[55] 郝新. 了不起的地球 [M]. 北京：北京工业大学出版社，2009.

[56] 王锡魁，王德. 现代地貌 [M]. 长春：吉林大学出版社，2009.

[57] 尹成杰. 粮安天下——全球粮食危机与中国粮食安全 [M]. 北京：中国经济出版社，2009.

[58] 任浩之. 世界地理全知道 [M]. 北京：当代世界出版社，2008.

[59] 林爱文. 自然地理 [M]. 武汉：武汉大学出版社，2008.

[60] 莫杰，李绍全. 地球科学探索 [M]. 北京：海洋出版社，2007.

[61] 杨湘桃. 风景地貌 [M]. 长沙：中南大学出版社，2005.

[62] 丁国栋. 沙漠学概论 [M]. 北京：中国林业出版社，2002.

[63] 戴步效. 绿色营地可爱地球家园 [M]. 武汉：湖北教育出版社，2001.

[64] 欧阳自远. 我们只有一个地球 [M]. 郑州：河南人民出版社，1998.

[65] 马世威. 沙漠 [M]. 呼和浩特：内蒙古人民出版社，1998.

[66] 张宝珍. 为了绿色的地球 [M]. 北京：世界知识出版社，1995.

[67] 大卫·爱登堡. 地球生态史地球自然生态纪实 [M]. 张琰，译. 台北：桂冠图书股份有限公司，1989.

[68] 朱震达. 中国的沙漠化及其治理 [M]. 北京：科学出版社，1989.

[69] 穆桂春，刁承泰. 地貌与农业 [M]. 北京：农业出版社，1988.

[70] 沃尔特. 世界植被陆地生物圈的生态系统 [M]. 中国科学院植物研究所生态室，译. 北京：科学出版社，1984.

[71] 李博. 草原及其利用与改造 [M]. 北京：农业出版社，1984.

[72] 林育真. 世界地理图说 [M]. 济南：山东科学技术出版社，1982.

［73］张善余．世界耕地的演变与展望［J］．世界农业，1982，（12）：9－13．

［74］JURGEN SCHULTZ．地球的生态带［M］．林育真，于纪姗，译．北京：高等教育出版社，2010．

［75］林静．资源丰富的海洋［M］．北京：中国社会出版社，2012．

［76］乔恩·埃里克森．蓝色星球海底世界的源起［M］．党皓文，徐其刚，译．北京：首都师范大学出版社，2010．

［77］陆儒德．大海告诉你［M］．大连：大连出版社，2009．

［78］杨槐．地问关于地球的千古之秘与地学创新［M］．上海：上海辞书出版社，2004．

［79］王庆跃．走向海洋世纪：海洋科学技术［M］．珠海：珠海出版社，2002．

［80］庞天舒．凝看海洋［M］．沈阳：沈阳出版社，2002．

［81］科技兴海丛书编辑委员会．海洋探查与资源开发技术［M］．北京：海洋出版社，2001．

［82］李思德．青少年趣味科［M］．济南：山东人民出版社，2001．

［83］宋金明．崛起的海洋资源开发［M］．济南：山东科学技术出版社，1999．

［84］孙滨．海洋——人类的资源宝库［M］．北京：中国大地出版社，1999．

［85］周海鸥．徜徉海洋［M］．大连：大连出版社，1999．

［86］郭芳．蓝色的宝库—21 世纪的海洋开发［M］．北京：科学技术文献出版社，1998．

［87］国家海洋局．中国海洋政策［M］．北京：海洋出版社，1998．

［88］中国自然资源丛书编撰委员会．中国自然资源丛书（海洋卷）［M］．北京：中国环境科学出版社，1995．

［89］谭征，沈建平．走向海洋新世纪［M］．北京：北京工业大学出版社，1993．

［90］弗兰克·普内斯，雷蒙德·西弗尔．地球［M］．卢焕章，等，译．重庆：重庆出版社，1990．

［91］张庆麟．探索地球之谜［M］．北京：地质出版社，1985．

［92］WEGENER，A. L. 海陆的起源［M］．李旭旦，译．北京：商务印书

馆，1964.

[93] 刘本培，等. 地史学教程 ［M］. 北京：地质出版社，1996.

[94] 罗增智，肖松，王立新. 古生物地史 ［M］. 北京：地质出版社，2007.

[95] 商昭. 关于人类起源的三种说法 ［J］. 休闲读品（天下），2012，（1）：
91 - 94.

[96] 杜远生，等. 古生物地史学概论 ［M］. 武汉：中国地质大学出版
社，2010.

[97] 庄孔韶. 人类学概论 ［M］. 北京：中国人民大学出版社，2006.

[98] 陈炜湛. 古文字趣谈 ［M］. 广州：花城出版社，1985.

[99] 陈炜湛. 甲骨文简论 ［M］. 上海：上海古籍出版社，1987.

[100] 陈炜湛. 甲骨文论集 ［M］. 上海：上海古籍出版社，2003.

[101] 地质大辞典编委. 地质大辞典 ［M］. 北京：地质出版社，2005.

[102] 麦克斯·缪勒. 宗教的起源与发展 ［M］. 金泽，译. 上海：上海人民出
版社，2010.

[103] 姚斌. 山西名胜 ［M］. 太原：山西古籍出版社，1998.

[104] 肖春杰，杜若甫，L. L. CAVALLI - SFORZA，E. MINCH. 中国人群基因频率
的主成分分析 ［J］. 中国科学 C 辑：生命科学，2000，30（4）：434 - 442.

[105] 余自华，丁洁，管娜，等. 一个中国汉族人家族性激素耐药型肾病综合征
家系 NPHS2 基因新突变 ［J］. 中华儿科杂志，2004，42（2）：32 - 36.

[106] 郑连斌，陆舜华，丁博，等. 云南蒙古族体质特征 ［J］. 人类学学报，
2011，30（1）：74 - 85.

[107] 郗海涛，陈琳，黄红云，等. 黄色人种和白色人种晚期脊髓损伤患者嗅鞘
细胞移植疗效比较 ［J］. 实用医学杂志，2009，25（23）：3966 - 3968.

[108] 崔颖. 虹膜荧光血管造影在国人棕色虹膜新生血管和炎症中的应用研究
［D］. 广州：中山大学，2007.

[109] 柳林，姜宏卫. 雌二醇与睾酮对黑色和白色人种 10 ~ 15 岁男性脂蛋白的
影响 ［J］. 国外医学（儿科学分册），2001，28（3）：167 - 168.

[110] 丁梧秀，陈建平，冯夏庭，等. 洛阳龙门石窟围岩风化特征研究 ［J］. 岩

土力学，2004，25（1）：145 – 148.

[111] 方云，顾成权，严绍军，等. 河南洛阳龙门石窟溶蚀病害机理的研究 [J]. 现代地质，2003，17（4）：479 – 482.

[112] 张成渝. 洛阳龙门石窟水的赋存对岩体稳定性的影响 [J]. 北京大学学报（自然科学版），2003，39（6）：829 – 834.

[113] 王旭东，张明泉，张虎元，等. 敦煌莫高窟洞窟围岩的工程特性 [J]. 岩石力学与工程学报，2000，19（6）：756 – 761.

[114] 薛娴，张伟民，王涛. 戈壁砾石防护效应的风洞实验与野外观测结果—以敦煌莫高窟顶戈壁的风蚀防护为例 [J]. 地理学报，2000，55（3）：375 – 383.

[115] 王旭东，张虎元，郭青林，等. 敦煌莫高窟崖体风化特征及保护对策 [J]. 岩石力学与工程学报，2009，28（5）：1055 – 1063.

[116] 陈永明，石玉成，王旭东. 天水麦积山石窟地震构造环境评价 [J]. 敦煌研究，2005（5）：83 – 87.

[117] 项一峰，刘莉. 麦积山石窟《法华经》变相及其弘法思想 [J]. 敦煌学辑刊，2009，4（4）：76 – 92.

后 记

　　茫茫苍穹，我们生活的地球在无限的宇宙空间中只不过是沧海一粟，但它是目前人类所知的唯一存在生命的天体。天体之间生命得以萌发、延续的条件极为苛刻，地球经过数十亿年的痛苦蜕变才拥有了珍贵的大气层、水资源、矿物资源、森林和土地资源，迎来了百花齐放、大地葱绿、万物祥和的新生代，最后成为人类的家园。

　　天设地造的地球不可能由人来重塑，恶化的生态环境需要相当长的时间才能够恢复。了解地球起源的偶然、演化的漫长以及地壳构造所经历的磨难，了解地球大气层的重要、水资源的来之不易以及资源再生的艰难，认识地球景观生态复杂、生态环境的脆弱以及人类社会对地球改造所产生的积极作用与负面影响，是当代"地球村民"应知应会的常识。

　　为了确保本卷内容的科学性、准确性和语言文字的通俗易懂，中国地质大学（武汉）的教授专家参与了编撰工作。其中，方世明、周学武负责第一章"数字地球"，曾杰、汤旋、续琰祺等负责第二章"事件地球"，周学武、汤旋、李俊姣等负责；第三章"资源地球"，汪晓春、王振伟负责第四章"生态地球"，王振伟、汪晓春负责，第五章"蓝色地球"，周学武、张吉军、杨秋实等负责第六章"人文地球"的组稿，由周学武、张吉军、杨秋实等负责组稿。周学武、李江凤负责全书技术审定。河南省地质学会张天义主笔编写引言、结语和本卷的总纂定稿。李燕南负责语言润色，张璋负责插图编绘，赵鸿燕负责校核，丁心雅、皮明建和刘立强负责编委会组织协调工作。

　　本书在编写过程中，参阅了大量的相关书籍和网络文献，引用了其中的部分内容，在此谨向有关作者致以诚挚的谢意，同时，向关心本书编写和出版工作的所有领导和同行们表示感谢。

　　由于编者水平有限，书中可能存在不妥和错误之处，敬请大家批评指正。